ÉTUDE
SUR LA

PROPAGATION DES ONDES LIQUIDES

DANS LES TUYAUX ÉLASTIQUES

TRAVAUX ET MÉMOIRES DE L'UNIVERSITÉ DE LILLE
NOUVELLE SERIE
II. *Médecine-Sciences.* — Volume 2

ÉTUDE

SUR LA

PROPAGATION DES ONDES LIQUIDES

DANS LES TUYAUX ÉLASTIQUES

PAR

A. BOULANGER

Professeur a l'Université de Lille

<table>
<tr><td>LILLE
TALLANDIER
5, rue Faidherbe, 5</td><td>PARIS
GAUTHIER-VILLARS
55, quai des Grands Augustins, 55.</td></tr>
</table>

1913

Le Conseil de l'Université de Lille a ordonné l'impression de ce mémoire le 24 Juin 1913.

L'impression a été achevée à l'Imprimerie Centrale le 15 Novembre 1913.

INTRODUCTION.

Le problème de la propagation des ondes le long d'une colonne
liquide, compressible ou non, enfermée dans un tube à paroi élastique, est une question posée naturellement aux théoriciens par
l'expérience, et qui intéresse à la fois le physiologiste, le physicien
et l'ingénieur.

Pour le physiologiste, en effet, le *pouls* (soulèvement brusque
et périodique d'une artère en un point déterminé, lié à un choc
précardial produisant une variation de la tension artérielle en ce
point) est le résultat du passage, dans un vaisseau doué d'élasticité,
d'une onde sanguine lancée par la systole ventriculaire (onde
pulsatile). Issue du besoin d'expliquer une vieille observation
d'Erasistrate [1] confirmée par Josias Weitbrecht [2], d'après
laquelle la pulsation serait perçue aux artères voisines du cœur
un instant avant de l'être aux artères périphériques, due surtout
aux recherches de Thomas Young et de E.-H. Weber, qui distin-
guèrent dans la circulation du sang le mouvement de courant et le
mouvement ondulatoire, cette doctrine réduit la théorie des bat-
tements du pouls à la solution de notre problème.

Le physicien a été conduit au même problème par la nécessité
de rendre compte de la différence entre la vitesse du son observée
dans une masse fluide quasi indéfinie et celle observée dans une
colonne fluide remplissant un tube cylindrique. Cette divergence

---

[1] GALIEN, *In arteriis sanguis*, C. 2.
[2] *Commentarii acad. scient. Petropol.*, t. VII, 1734.

B.

dans les vitesses de propagation d'un ébranlement à travers un fluide presque incompressible, comme l'eau, signalée par Wertheim, fut attribuée par Helmholtz, dès 1848, à l'élasticité et au frottement de la paroi. Lorsque les expériences de Kundt sur les figures acoustiques produites par les vibrations d'une masse d'air dans un tube de verre contenant une poudre impalpable eurent été étendues par cet habile expérimentateur, avec le concours de Lehmann, au cas d'une masse d'eau, qu'elles eurent été répétées avec précision par Dvorak, on fut en présence de données quantitatives suffisantes pour donner lieu à un contrôle d'explication. Une théorie mettant en ligne l'élasticité de la paroi, la compressibilité du fluide, les dimensions du tube, fut édifiée par D.-J. Korteweg, et rendit compte d'une grosse partie de l'écart observé.

L'ingénieur hydraulicien enfin a à traiter notre problème s'il veut étudier le phénomène bien connu sous le nom de *coup de bélier*, qui se produit dans les canalisations de distribution d'eau en causant parfois des accidents regrettables, provoqué par toute variation brusque de la vitesse d'écoulement et, par suite, de la pression. La formation des coups de bélier dans les grandes conduites d'alimentation des usines hydro-électriques complique extrêmement la régulation des turbines, et la nécessité d'obtenir des règles pratiques concernant l'installation de ces moteurs a attiré depuis quelques années l'attention sur la question, au point que l'Académie des Sciences a proposé comme sujet du prix Fourneyron en 1910 « l'étude expérimentale et théorique des effets des coups de bélier dans les tuyaux élastiques ».

Le problème se rattache à trop de disciplines différentes pour n'avoir pas reçu de nombreux essais de solution, tant au point de vue théorique qu'au point de vue expérimental. Mais les travaux qu'on lui a consacrés, écrits en toutes langues, ont été entrepris isolément, chaque chercheur ignorant les tentatives de ses prédécesseurs : aussi telle formule d'Young est-elle attribuée à Résal ; telle autre de Korteveg, retrouvée par Joukowsky, porte le nom d'Alliévi; telle autre encore du même physicien a été donnée à nouveau par M. Boussinesq; J. Moens fait un effort considérable pour déduire de l'expérience et de considérations semi-théoriques un résultat qui n'est pas distinct de celui d'Young; H. Lambs refait à sa manière un travail de Gromeka.

Dans ces conditions, j'ai pensé qu'un tableau d'ensemble des résultats acquis dans une si difficile étude pourrait rendre quelques services ([1]). Je présente ici cet historique qui a été aussi pour moi le moyen de mettre en évidence des lacunes dont j'ai essayé de combler quelques-unes. Les contributions personnelles que j'aurai à apporter seront résumées dans la conclusion de ce Mémoire.

([1]) Toutefois je n'ai pas voulu, à cette occasion, écrire une monographie, ni même établir la bibliographie de la sphygmographie : les spécialistes savent bien où les trouver.

ÉTUDE

SUR LA

PROPAGATION DES ONDES LIQUIDES

DANS LES TUYAUX ÉLASTIQUES.

I. — L'Essai de Léonard Euler (1775).

Euler a, le premier, essayé de soumettre au calcul le délicat problème de la propagation des ondes pulsatiles dans les artères en mettant en compte l'élasticité des parois. Malheureusement, de son manuscrit sur ce sujet, quelques fragments seuls nous sont parvenus, insérés dans ses œuvres posthumes ([1]); ils commencent au paragraphe 15 qui, vraisemblablement, suivait la justification de l'établissement d'une importante relation estimée depuis inexacte; il serait déplacé de prétendre apprécier ce point essentiel, réduit qu'on est à des conjectures à l'égard des considérations qui ont guidé l'auteur, l'indécision entre deux formes de cette relation portant cependant à croire à l'influence de raisons de simplification analytique.

Euler admet l'incompressibilité du fluide, traduite par l'équation de continuité à densité constante; il fait l'hypothèse du parallélisme des tranches, c'est-à-dire qu'il suppose que toutes les molécules d'un tronçon élémentaire de la colonne liquide prennent des vitesses équipollentes suivant l'axe de la colonne, sous l'influence du choc cardiaque ou de l'impulsion produite à l'une des extrémités de la colonne. Le tube est d'ailleurs horizontal, de petit diamètre, et la pression aux divers points d'une section nor-

---

([1]) LEONHARDI EULERI *Opera postuma*, mathematica et physica, anno MDCCCXLIV detecta quæ academiæ scientiarum Petropolitanæ obtulerunt ejusque auspiciis ediderunt auctoris pronepotes P.-H. et N. Fuss. Petropolo, 1862. *Tomus alter; XXXIII. Principia pro motu sanguinis per arterias determinando* [Exhib. 1775, dec. 21] (Ff. 814-823).

male est censée ne recevoir, du fait de la pesanteur du fluide, que des variations négligeables; autrement dit, le liquide est regardé comme dépourvu de pesanteur.

Si x est l'abscisse d'une section normale, s l'aire de cette section à l'instant t, u la vitesse longitudinale à travers cette section au même instant, p la pression correspondante, ρ la densité du fluide, les deux premières équations écrites par Euler sont

$$\frac{\partial s}{\partial t} + \frac{\partial(us)}{\partial x} = 0,$$

$$\frac{\partial u}{\partial t} + u\frac{\partial u}{\partial x} + \rho\frac{\partial p}{\partial x} = 0.$$

En ce qui concerne l'action de la paroi élastique, elle est considérée comme produisant une variation de pression par dilatation annulaire; autrement dit, le tube élastique est supposé formé d'anneaux juxtaposés, sans actions mutuelles les uns sur les autres. Soit Σ le maximum, variable avec x, qu'atteigne l'aire d'une section s, fonction de x et de t; Euler admet ([1]) que l'on a, soit

$$p = \frac{cs}{\Sigma - s},$$

soit

$$p = c\,\mathrm{Log}\,\frac{\Sigma}{\Sigma - s},$$

c étant une constante; Σ est la valeur de s quand $\frac{\partial s}{\partial t} = 0$. Ni l'une ni l'autre de ces relations n'est d'ailleurs conforme à la réalité des faits, comme on le verra par la suite.

Il reste à traiter analytiquement le système des équations obtenues, et Euler, après quelques tentatives infructueuses, y renonce. *« Cum autem nulla prorsus via pateat talem resolutionem*

([1]) Voici les termes d'Euler: *« Recordandum est, certam dari relationem, inter pressionem p et amplitudinem s, pro qua assumsimus hanc formulam $\frac{cs}{\Sigma - s}$, vel etiam p = c Log. $\frac{\Sigma}{\Sigma - s}$, ubi Σ denotat maximam amplitudinem ad quam tubus in Z expandi potest, ita ut Σ sit tantum functio ipsius z a variabili X neutiquam pendens.* » L'auteur désigne par z l'abscisse de la section Z et par X une variable équivalente au temps (*Investigatio formularum pro motu fluidi per tubos elasticos*, § 39).

perficiendi, hæcque investigatio vires humanas transcendere sit censenda, hic utique isto labori finem imponere cogimus (¹). »

Son impuissance avouée, le grand géomètre termine son essai par ces réflexions peu encourageantes pour les chercheurs curieux des problèmes de la Philosophie naturelle : « *In motu igitur sanguinis explicando easdem offendimus insuperabiles difficultates, quæ nos impediunt omnia plane opera Creatoris accuratius perscrutari, ubi perpetuo multo magis summam sapientiam cum omnipotentia conjunctam admirari ac venerari debemus, cum ne summum ingenium humanum vel levissimæ vebrillæ veram structuram percipere atque explicare valeat* (²). »

Il fallait un esprit moins à-prioriste que celui d'Euler, familier avec les habitudes analogiques et inductives de la Physique, pour créer une théorie du pouls, dont une première approximation fut donnée par un physiologiste et physicien anglais, et déduite des *Principia* de Newton.

II. — La formule de Thomas Young (1808).

Le premier résultat précis concernant notre sujet a été obtenu en 1808 par Thomas Young et se trouve inséré dans un travail d'introduction à une conférence académique sur les fonctions du cœur et des artères, travail dans lequel le savant physicien se propose d'examiner les principes mécaniques de la circulation du sang (³). La partie la plus intéressante du Mémoire en forme le paragraphe 3, intitulé : *Of the Propagation of an Impulse through an elastic Tube*.

La propagation des ébranlements dans un fluide élastique soit indéfini, soit enclos dans un tube rigide, était chose connue : l'idée d'Young fut d'en transporter la théorie au cas d'un fluide

---

(¹) *Loc. cit.*, § 42.
(²) *Loc. cit.*, § 43.
(³) *Hydraulics Investigations, subservient to an intended Croonian Lecture on the Motion of the Blood*, by THOMAS YOUNG, read may 5, 1808; *Croonian Lecture on the functions of the heart and arteries*, by THOMAS YOUNG, read nov. 10, 1808 (*Philosophical Transaction of the royal Society of London*, 1808, Part II, p. 164-186; 1809, p. 1).

incompressible enclos dans une paroi élastique, en faisant jouer à l'élasticité du tube le rôle de la compressibilité du fluide.

En particulier, dit Young, le raisonnement qu'on emploie pour déterminer la vitesse de propagation d'un ébranlement à travers un fluide élastique (¹) est applicable au cas d'un fluide incompressible contenu dans un tube élastique, en fixant la grandeur du module d'après la corrélation qui existe entre la variation de pression et la dilatation du tuyau.

Soient R le rayon du tube à l'état naturel, $R + r$ son rayon sous l'influence de la pression due à une colonne du liquide de hauteur h. Supposons la nature de la paroi telle que sa tension varie proportionnellement à l'allongement unitaire de sa circonférence. Si E est le coefficient d'élasticité de la substance qui constitue la paroi, le rayon, de valeur R à l'état naturel, prendra la valeur $R + r$ sous l'influence d'une tension élastique $E\frac{r}{R}$. La tension totale sur une section diamétrale d'une portion du tube (supposé de faible épaisseur a) de longueur égale à l'unité sera $E\frac{r}{R}2a$, et la pression unitaire correspondante sur les parois du tube aura pour valeur $E\frac{r}{R}\frac{2a}{2(R+r)}$; cette pression sera celle que produirait une colonne liquide de hauteur

$$h = \frac{E\,r\,a}{\rho\,g\,R(R+r)}.$$

Si la loi de proportionnalité était valable pour toute valeur de la dilatation, celle-ci serait infinie lorsque la hauteur de la colonne aurait pour valeur

$$h_1 = \frac{E\,a}{\rho\,g\,R}.$$

Je dis que *la vitesse de propagation* (²) *d'un ébranlement*

(¹) Cette vitesse a pour expression $\sqrt{\frac{C}{\rho}}$, C étant le module d'élasticité du fluide et ρ sa densité. Elle a été obtenue par Newton (*Philosophiæ naturalis principia mathematica*, Prop. XLIX; Prob. XI; Cor. 2 : *Datis medii densitate et vi elastica, invenire velocitatem pulsuum*).

(²) Je citerai les termes mêmes d'Young : « *If the nature of the pipe be such that its elastic force varies as the excess of its circumference or diameter above the natural extent, which is nearly the usual constitution of elastic* *est la moitié de la vitesse acquise par un grave tombant librement de la hauteur h_1 :*

$$\omega = \frac{1}{2}\sqrt{2\,g\,h_1} \qquad \text{ou} \qquad \omega = \sqrt{\frac{\mathrm{E}\,a}{2\,\mathrm{R}\,\rho}}.$$

En effet, dans la formule de Newton, le module $\mathcal{C}$ est le rapport d'une variation élémentaire de pression en un point du milieu à la variation unitaire de volume correspondante, en sorte que si, dans un tube rigide rempli d'un fluide élastique, un tronçon de longueur Δ se raccourcit de δ sous l'influence d'un accroissement de pression Π, on a $\mathcal{C} = \Pi : \dfrac{\delta}{\Delta}$. Cela étant, considérons le cas d'un tuyau élastique rempli d'un fluide incompressible, en admettant, comme le fait implicitement Young, l'hypothèse de l'indépendance des anneaux du tube. Si, sous l'influence d'une variation de pression Π, le rayon R et la longueur Δ d'un tronçon du fluide deviennent respectivement $\mathrm{R} + r$ et $\Delta - \delta$, l'incompressibilité du fluide entraîne $\left(1 - \dfrac{\delta}{\Delta}\right)\left(1 + \dfrac{r}{\mathrm{R}}\right)^2 = 1$, ou, eu égard à la petitesse de δ et de r, $\dfrac{\delta}{\Delta} = 2\,\dfrac{r}{\mathrm{R}}$. Mais, d'après ce qu'on a vu plus haut, la variation de pression capable de produire une dilatation r du rayon R, a pour valeur $\Pi = \mathrm{E}\,\dfrac{a}{\mathrm{R}}\,\dfrac{r}{\mathrm{R} - r}$, ou $\dfrac{\delta}{\Delta}\,\dfrac{\mathrm{E}\,a}{2\,(\mathrm{R} + r)}$, ou encore, à cause de la petitesse de r vis-à-vis de R, $\Pi = \dfrac{\delta}{\Delta}\,\dfrac{\mathrm{E}\,a}{2\mathrm{R}} = \dfrac{\delta}{\Delta}\,\rho\,\dfrac{g h_1}{2}$. Pour qu'une même variation de pression Π produise un même rapprochement des bases de la tranche dans les deux cas, il faut et il suffit que le module $\mathcal{C}$ du fluide élastique soit tel que $\mathcal{C} = \rho\,\dfrac{g h_1}{2}$. Si $\mathcal{C}$ est ainsi choisi, le mouvement des tranches sera le même dans les deux cas, et en particulier les vitesses de propagation des ébranlements coïn-

---

bodies, there is a certain finite height which will cause an infinite extension, and the height of the modulus of elasticity, for each point, is equal to half its height above the base of this imaginary column, which may therefore be called with propriety the modular column of the pipe : consequently the velocity of an impulse will be half as that of a body falling from the modular column. » La démonstration insérée dans le texte ne diffère de celle d'Young que par les notations; j'ai adopté le langage moderne et les notations qui seront utilisées par la suite.

cideront ; leur valeur commune sera $\sqrt{\dfrac{\mathcal{E}}{\rho}}$, qui a pour expression $\omega = \sqrt{\dfrac{gh_1}{2}}$ [1].

C. Q. F. D.

Soit H la hauteur d'une colonne liquide capable de produire l'éclatement du tuyau ; comme $h_1 > H$, on a $\omega > \frac{1}{2}\sqrt{2gH}$. Cette limite inférieure de la vitesse de propagation une fois trouvée, Young en fit une application numérique au cas où le tube était une carotide de chien pour laquelle Hales avait déterminé expérimentalement la hauteur de la colonne d'éclatement (supplémentaire de la pression artérielle moyenne), $H = 186$ pieds anglais ; il trouva $\omega = 54$ pieds, soit $16^m,40$ par seconde.

Young ne se proposa pas de mesurer expérimentalement la vitesse de propagation des ondes, bien qu'il fût l'inventeur de la méthode d'inscription chronographique dont Marey et son école tirèrent parti plus tard pour cette détermination, et c'est en Allemagne que fut fait, par des moyens très rudimentaires, le premier essai de mesure.

III. — Les expériences d'Ernst-Heinrich Weber et la théorie de Wilhelm Weber (1850).

Au point de vue expérimental, dès le XVIIIe siècle, Euler se préoccupa de représenter schématiquement le mouvement circulatoire et ondulatoire du sang dans les artères en enfonçant périodiquement de l'eau avec une pompe dans un tuyau élastique, mais il abandonna son projet, l'estimant incapable de conduire à aucun résultat important. L'idée fut reprise par E.-H. Weber [2] qui cons-

---

[1] Nous montrerons ultérieurement que le mode de raisonnement d'Young serait exactement applicable au cas où l'on voudrait tenir compte de la compressibilité du fluide et donnerait la formule obtenue soixante ans plus tard par D.-J. Korteweg (*voir* p. 80).

[2] E.-H. WEBER, *Ueber die Anwendung der Wellenlehre auf die Lehre vom Kreislaufe des Blutes und insbesondere auf die Pulslehre* (*Berichte über die Verhandlungen der Königl. Sächsischen Gesellschaft der Wissenschaften zu Leipzig; Math. phys. Klasse*, Jahrg. 1850, p. 165). Ce travail a été reproduit dans les *Archives de Müller*, 1852, p. 497 ; il a été réédité en 1889 dans la collection des classiques Ostwald (*Ostwald's Klassiker der exakten Wissenschaften*, Nr. 6) par M. v. Frey.

truisit un dispositif connu sous le nom de *schéma de la circula-tion*, simulant avec ingéniosité et clarté la façon dont s'effectue le mouvement du sang. Un intestin de chèvre, courbé et refermé sur lui-même, forme un circuit continu rempli d'eau ; en deux points voisins de 10^{cm} environ sont disposées deux soupapes a et b ouvrant

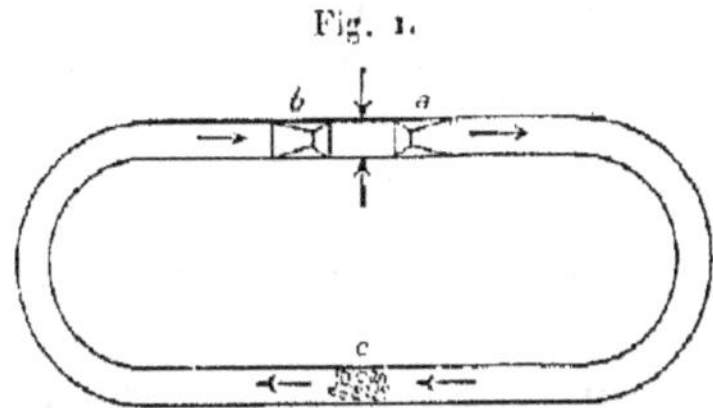

Fig. 1.

dans le même sens, et, diamétralement opposée, se trouve une éponge c qu'on a fait préalablement pénétrer avec frottement. L'espace ab représente l'agent d'impulsion du liquide, le cœur ; les soupapes a et b sont les valvules ; le demi-circuit ac simule le système artériel, l'éponge c le réseau capillaire, le demi-circuit cb le système veineux. On comprime et relâche alternativement, d'une manière régulière, la portion ab du tube ; à chaque compression, la valvule a s'ouvre et b se referme, le sang est projeté dans les artères ; à chaque relâchement, a se ferme et b s'ouvre sous la pression du sang veineux dont le régime est uniformisé par suite du passage dans les capillaires. Ce schéma est d'ailleurs devenu classique dans l'enseignement de la physiologie.

La question qui nous occupe est l'étude du mouvement du fluide dans la région ac, dans lequel E.-H. Weber distingue avec sagacité le mouvement de courant regardé comme déplacement de masse et le mouvement ondulatoire regardé comme déplacement d'une forme, ce dernier étant la cause du pouls artériel.

L'auteur de ces recherches était l'un des frères Weber, de Halle, qui, dans leur célèbre Ouvrage intitulé : *Science des ondes fondée sur l'expérience* ([1]) et publié en 1825, ont établi, sur d'importantes observations des mouvements des particules en suspension dans l'eau, les principes de la théorie des mouvements ondula-

---

([1]) *Wellenlehre auf Experimente gegründet, oder über die Wellen tropbarer Flüssigkeiten mit Anwendung auf die Schall- und Lichtwellen, von den Brüdern* ERNST-HEINRICH WEBER *und* WILHELM WEBER; Leipzig, 1825.

toires des liquides incompressibles à surface libre, telle qu'elle est passée, à la suite d'un important Mémoire de M. Boussinesq ([1]), dans l'enseignement de l'École du Génie maritime ([2]). Dès 1827 ([3]), E.-H. Weber s'était appliqué à utiliser les idées développées dans ce Livre et à les étendre à la théorie du pouls en faisant entrer en compte l'élasticité des artères. Son étude, poursuivie irrégulièrement pendant vingt-cinq ans ([4]), fut résumée dans un Mémoire important, estimé encore aujourd'hui au point d'avoir figuré un des premiers dans la collection des Classiques Ostwald.

Après une explication sommaire de la manière dont une onde peut se propager dans un tuyau élastique, qu'il emprunte à H. Frey ([5]) et qui est très analogue à la théorie de la propagation des ondes sonores dans les tuyaux rigides figurant dans les Traités élémentaires de Physique, Weber indique que ces aperçus peuvent être précisés sous forme mathématique et annonce une Note de son frère Wilhelm Weber dont il sera question plus loin; puis il se propose de déterminer expérimentalement la vitesse de propagation d'une onde dans un fluide incompressible au repos remplissant un tuyau de caoutchouc vulcanisé.

Prenons un tuyau en caoutchouc, très long, fermé à ses extrémités et contenant de l'eau. A l'extrémité A comprimons le plus vite possible le tuyau sur une longueur déterminée (par exemple en écrasant sur une table le bout du tuyau au moyen d'un taquet de bois); le volume d'eau Q contenu dans la partie sous-jacente du tuyau, au lieu de se répandre lentement dans le liquide de façon à dilater le tuyau d'une très petite quantité constante, produira en avant du taquet une intumescence de volume égal à Q, qui transmettra son mouvement aux parties voisines en se transportant le long du tube avec une célérité qu'on va déterminer et un profil d'apparence invariable. Cette onde, dite *positive*, se réfléchit d'ailleurs à l'extrémité B du tuyau et parcourt la longueur de

---

([1]) J. Boussinesq, *Théorie des ondes liquides périodiques* [*Savants étrangers*, t. XX, 1872 (pour 1869)].

([2]) J. Pollard et A. Dudebout, *Théorie du Navire*, t. III, p. 46 et suiv.

([3]) Programma editum Lipsiæ, d. XX mens. nov. 1827: *De utilitate parietis elastici arteriarum.*

([4]) *De pulsus resorptione, auditu et tactu;* Lipsiæ, 1834.

([5]) H. Frey, *Versuch einer Theorie der Wellenbewegung des Blutes in den Arterien* (*Mülles's Archiv*, 1845, p. 169).

celui-ci, alternativement dans les deux sens, un grand nombre de fois, avec un lent amortissement de la célérité et de la saillie.

Au lieu d'une intumescence, on peut produire une dépression de forme et de célérité constantes qu'on appelle onde *négative*. Après un temps suffisamment long, le tuyau soumis à la précédente expérience prend un diamètre constant. Qu'on vienne alors à soulever aussi rapidement que possible le taquet par lequel l'extrémité A du caoutchouc était comprimée ; le liquide de la partie voisine du tuyau se précipite alors dans la région vide ; une dépression se forme, qui se propage vers l'extrémité B du tube. Pour que cette expérience réussisse, il importe que les parois du tuyau comprimé ne restent pas adhérentes, et l'on doit avoir soin à cet effet de ne dépasser guère, dans la compression préalable, la moitié du diamètre intérieur du tube. L'onde négative se propage de même que l'onde positive, mais avec une persistance moindre.

Cette production d'ondes est très analogue à celle des ondes solitaires, engendrées dans un canal rectangulaire à eau stagnante par une projection d'eau unique et rapide et qui ont fait l'objet en Angleterre, dès 1834, de recherches expérimentales très complètes dirigées par John Scott Russel ([1]).

Pour noter les dilatations et contractions subies par le tuyau au moment du passage de l'onde, déformations d'ailleurs très petites, Weber disposait au voisinage de l'extrémité B du tube une sorte de balance à bras inégaux, très légers, dont l'un était terminé par un

Fig. 2.

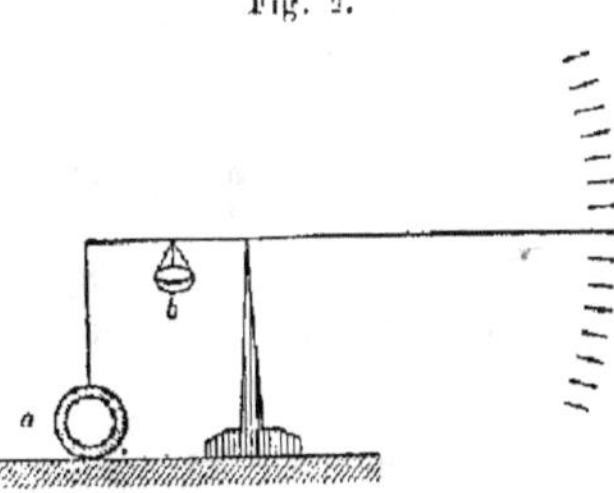

fil de fer. Après avoir établi l'équilibre dans la position horizontale au moyen d'un petit contrepoids placé en *b*, il faisait reposer, par

([1]) Le rapport relatif à ces expériences a été traduit en français et inséré en 1837 dans les *Annales des Ponts et Chaussées*.

l'intermédiaire d'un crochet, le bras le plus court sur la surface du caoutchouc qu'on aperçoit en coupe en a, et il observait le mouvement du long bras devant un arc gradué, soit à l'œil nu, soit avec une lunette.

Les temps étaient mesurés au moyen d'un chronomètre donnant les $\frac{1}{10}$ de seconde par battement, et permettant l'estime du dixième de battement. Enfin, en fermant le tube par un robinet qu'on pouvait mettre en communication avec un tube manométrique, il était aisé de donner au liquide telle pression connue qu'on voulait.

E.-H. Weber produisait l'onde en A, à un battement déterminé du chronomètre, et son aide, Théodore Weber, observait à l'explorateur, en B, l'instant de la dilatation maxima après un parcours égal à une, trois, cinq, ... fois la longueur du tuyau. Chaque détermination était répétée cinq fois, avec une manière de produire l'onde estimée aussi identique à elle-même que possible, et l'on prenait la moyenne des cinq évaluations pour chacune des mesures. Voici le Tableau des résultats obtenus par Weber dans les deux cas où il a expérimenté. Dans le premier de ces cas, la pression était de 8^{mm} d'eau, la longueur du tuyau avait 9620^{mm}, le diamètre extérieur $35^{mm},5$, l'épaisseur de la paroi 4^{mm}; dans le second, la pression était portée à $3^m,50$ d'eau, la longueur du tuyau étant devenue 9860^{mm} et le diamètre étant dilaté à 41^{mm}.

NOMBRE de parcours de l'onde.	DURÉE DE PARCOURS DE L'ONDE	
	positive.	négative.
	Premier cas (9620^{mm}).	
1.....	$0,744$	$0,968$
3.....	$2,168 = 0,744 + 2 \times 0,712$	$2,520 = 0,968 + 2 \times 0,776$
5.....	$3,768 = 2,168 + 2 \times 0,800$	$4,200 = 2,520 + 2 \times 0,840$
	Deuxième cas (9860^{mm}).	
1.....	$0^s,800$	$0^s,820$
3.....	$2,664 = 0,800 + 2 \times 0,932$	$2,736 = 0,820 + 2 \times 0,958$

Malgré des divergences singulières et presque systématiques, la célérité paraissant diminuer pour augmenter ensuite dans le premier cas, sans aucune observation critique, Weber prit les moyennes des résultats précédents. Ainsi la première série relative à l'onde positive donne une durée moyenne de 0,752 seconde pour un parcours de 9^m,620, ce qui correspond à une vitesse de propagation de 12^m,80 par seconde ; dans la seconde série, l'onde positive a une célérité de 11^m,40.

Weber expérimenta aussi sur des artères détachées de l'organisme et considéra encore le cas de la propagation d'ondes dans un courant fluide, mais pour ce dernier point, les chiffres et détails manquent. Le Mémoire se termine par quelques aperçus sur l'influence du frottement de la paroi sur le ralentissement des ondes pulsatiles, mais là aussi sans résultats quantitatifs.

« Nous n'avons fait, dit Weber (*loc. cit.*, p. 182), aucune expérience sur l'influence du diamètre du tuyau sur la vitesse des ondes. Mais on déduit de la théorie que cette vitesse est, toutes choses égales d'ailleurs, d'autant plus grande que le diamètre est plus petit. » La théorie dont il s'agit ici est celle esquissée par son frère, W. Weber, à laquelle il a été fait allusion plus haut; bien qu'annoncée comme devant faire suite au Mémoire de E.-H. Weber, et quoique une figure s'y rapportant ait été gravée sur la planche de ce Mémoire, la Note de W. Weber (*) n'a été publiée qu'en 1866, retrouvée après sa mort par son frère dans ses papiers.

Soit ρ la densité du fluide incompressible, r le rayon du tuyau dans la section d'abscisse x traversée à l'instant t avec une vitesse c, p la pression dans cette section. Dans le temps dt consécutif à l'instant t, il passe à travers cette section le volume liquide $\pi r^2 c\, dt$, et à travers la section qui en est distante de dx, le volume $\pi r^2 c\, dt + \pi \frac{\partial}{\partial x}(r^2 c)\, dx\, dt$; il en est, par suite, resté, dans la tranche limitée par ces deux sections, le volume $-\pi \frac{\partial}{\partial x}(r^2 c)\, dx\, dt$; comme l'augmentation de volume de cette tranche pendant le temps dt est $\frac{\partial}{\partial t}(\pi r^2)\, dt\, dx$, on a la relation

$$(1) \qquad \frac{\partial(r^2 c)}{\partial x} + \frac{\partial r^2}{\partial t} = 0.$$

(*) Wilhelm Weber, *Theorie der durch Wasser oder andere incompressibele Flüssigkeiten in elastischen Röhren fortgeplanzten Wellen* (*Berichte der Gesellschaft der Wissenschaften zu Leipzig : Math. phys. Kl.*; Band 18, 6 novembre 1866, p. 353-357).

A cette équation nous joindrons l'équation d'Euler relative au mouvement longitudinal du fluide

$$(2) \qquad \frac{\partial c}{\partial t} + c\,\frac{\partial c}{\partial x} + \frac{1}{\rho}\,\frac{\partial p}{\partial x} = 0.$$

W. Weber simplifie ces deux équations en admettant d'une part que les variations de r soient très minimes en sorte que $c\,\dfrac{\partial r}{\partial x}$ soit négligeable devant $r\,\dfrac{\partial c}{\partial x}$, et, d'autre part, en convenant de regarder $c\,\dfrac{\partial c}{\partial x}$ comme du second ordre vis-à-vis de $\dfrac{\partial c}{\partial t}$ [1]. Il vient ainsi

$$(1') \qquad \frac{\partial c}{\partial x} + \frac{2}{r}\,\frac{\partial r}{\partial t} = 0,$$

$$(2') \qquad \frac{\partial c}{\partial t} + \frac{1}{\rho}\,\frac{\partial p}{\partial x} = 0.$$

L'hypothèse de l'indépendance des anneaux élastiques est admise. A un accroissement de pression P correspond une dilatation radiale déterminée ε; Weber admet que le rapport $\dfrac{\varepsilon}{\mathrm{P}} = k$ est constant, par application de la loi de Hooke : *Ut tensio, sic vis*, et il suppose que cette constante k est préalablement déterminée pour le tuyau expérimenté. Si dr est la variation du rayon corrélative d'une variation de pression dp, on a $dr = k\,dp$; d'où, en passant d'une section à la voisine,

$$(3) \qquad \frac{\partial r}{\partial x} = k\,\frac{\partial p}{\partial x}\cdot$$

L'équation $(2')$ devient dès lors

$$(2'') \qquad \frac{\partial c}{\partial t} + \frac{1}{k\rho}\,\frac{\partial r}{\partial x} = 0.$$

Éliminons c entre les équations $(1')$ et $(2'')$ en dérivant $(1')$ par rapport à t et $(2'')$ par rapport à x; l'équation obtenue,

$$\frac{\partial}{\partial t}\left(\frac{2}{r}\,\frac{\partial r}{\partial t}\right) = \frac{1}{k\rho}\,\frac{\partial^2 r}{\partial x^2},$$

---

[1] Ce dernier point est admis implicitement par Weber qui semble confondre la dérivée totale de c par rapport à t avec sa dérivée partielle (*loc. cit.*, p. 354).

est écrite par W. Weber

$$(W) \qquad \frac{\partial^2 r}{\partial t^2} = \frac{R}{k\rho} \frac{\partial^2 r}{\partial x^2},$$

supposant implicitement négligeable le terme en $\left(\frac{1}{r}\frac{\partial r}{\partial t}\right)^2$ devant $\frac{1}{r}\frac{\partial^2 r}{\partial t^2}$ et admettant enfin que r est sensiblement égal au rayon initial R du tube [1]. Si l'on pose

$$\omega = \sqrt{\frac{R}{2k\rho}},$$

l'équation (W) a pour intégrale générale

$$r = f(x - \omega t) + g(x + \omega t),$$

f et g étant des fonctions arbitraires de leur argument, et définit un mouvement ondulatoire de vitesse de propagation ω.

La constante k est déterminée par Weber à l'aide d'une expérience directe.

L'auteur illustre cette théorie par une application numérique à une expérience précitée (2ᵉ cas). On a $R = 16^{mm},5$; à une charge de 3500^{mm} d'eau correspond, selon lui, une dilatation radiale $\varepsilon = 2^{mm},75$; d'où

$$k = \frac{\varepsilon}{P} = \frac{2,75}{3500 \times 9811} = \frac{1}{12486700}$$

(unités : millimètre et seconde); le fluide étant de l'eau, on a $\rho = 1$, et la vitesse de propagation par seconde a pour valeur

$$\omega = \sqrt{\frac{R}{2k\rho}} = \sqrt{\frac{16,5 \times 12486700}{2}} = 10033 \text{ mm : sec.}$$

La mesure directe a donné un déplacement de 9860^{mm} en $0,876$ seconde, soit une célérité d'environ 11255^{mm} par seconde.

W. Weber attribue l'écart entre les deux nombres à la difficulté d'estimation de ε ($2^{mm},75$) et du temps de parcours ($0^s,876$).

Évidemment k croît avec le rayon R, et il doit même croître plus

---

[1] C'est peut-être parce que cette démonstration lui paraissait insuffisante que W. Weber la conserva dans ses papiers, d'où E.-H. Weber l'exhuma en 1866; la Note paraît d'ailleurs avoir été très hâtivement rédigée.

rapidement que R pour que l'assertion de E.-H. Weber sur l'influence du rayon soit exacte. De fait, si l'on compare la formule d'Young à celle de Weber, on trouve $k = \dfrac{R^2}{Ea}$.

La valeur de ε introduite dans le calcul n'est pas correcte : on a pris la variation du rayon extérieur en place de celle du rayon intérieur, faute de pouvoir déterminer celle-ci ; l'allongement du tuyau diminuant l'épaisseur, la valeur de ε doit être majorée, et cela ne fait qu'accroître le désaccord. C'est un point sur lequel nous aurons à revenir longuement.

IV. — Les expériences de J.-B. Marcy (1875) et les théories qu'elles provoquent.

En 1858, L.-F. Ménabréa (¹) envisage le problème du choc produit lorsqu'on intercepte brusquement le mouvement de l'eau dans un tuyau de conduite ; il reconnaît la nécessité de mettre en compte l'élasticité du tube et la compressibilité de l'eau. En usant de la notion de résistance vive d'un corps, il cherche à déterminer l'épaisseur que doit avoir le tube pour qu'il puisse résister au choc : à cet effet, il admet qu'à un instant donné, tout mouvement ayant cessé, les compressions et les dilatations ont atteint le maximum, et les tensions correspondantes se font mutuellement équilibre, après avoir absorbé la force vive de l'eau au moment du choc. Cette manière de faire ne saurait se légitimer.

Vers cette époque, Barré de Saint-Venant (²) se préoccupait du choc longitudinal de deux barres ; les idées qu'il mettait en œuvre auraient pu être utilisées pour l'étude du coup de bélier ; il ne semble pas que personne se soit jamais soucié des analogies possibles, ni à cette époque, ni plus tard.

Il nous faut revenir aux recherches des physiologistes qui

(¹) L.-F. MÉNABRÉA, *Note sur les effets du choc de l'eau dans les conduites* (*C. R. Acad. Sc.*, t. XLVII, 2 août 1858, p. 221).

(²) BARRÉ DE SAINT-VENANT : 1° *Sur l'impulsion transversale et la résistance vive des barres* (*C. R. Acad. Sc.*, 10 août 1857 ; 9 janvier, 10 août, 3 juillet 1865 ; 15 janvier 1866) ; 2° *Sur le choc longitudinal de deux barres* (*C. R. Acad. Sc.*, 24 décembre 1866, 20 mai et 10 juin 1867, 30 mars 1868).

s'étaient proposé d'étudier la loi de variation du diamètre *en un point donné* d'une artère ; cette étude a constitué la *sphygmométrie* ou *sphymographie*.

Après un essai d'Hérisson, datant de 1834 et dont le principe sera repris vingt-cinq ans plus tard, King, en 1837, eut l'idée de fixer tangentiellement à l'artère un mince fil de verre étiré à la lampe : les variations du diamètre étaient traduites avec amplification par les déplacements de l'extrémité du fil. Karl Vierordt [1], en 1855, substitua au fil de verre un système de leviers dont le dernier inscrivait ses déplacements sur un cylindre tournant à surface enfumée, et obtint les premières courbes *sphygmographiques* conservant une représentation du mouvement pulsatile en un point. L'influence des effets de l'inertie était assez grande à cause de la masse notable des organes mobiles. Marey parvint à réduire cette masse au minimum et établit un appareil très sensible qui fut longtemps classique, amélioré successivement par Béhier, Burdon, Sanderson, Baker, Landois, Dudgeon.

En même temps, Marey [2] se proposa d'établir un dispositif pratique permettant d'inscrire sur un même cylindre enfumé les mouvements simultanés en divers points du système artériel, et il revint à cet effet à l'idée du sphygmomètre d'Hérisson, sous la forme que lui avait donnée Buisson. Ce dernier physiologiste se servait de deux entonnoirs conjugués dont un tube de caoutchouc réunissait les becs ; le pavillon de chacun de ces entonnoirs était recouvert d'une membrane élastique. Si l'on exerçait une pression sur la membrane de l'un des entonnoirs, la membrane de l'autre se soulevait par la compression de l'air contenu dans l'appareil. A cette seconde membrane était adapté un disque léger surmonté d'une arête qui soulevait un levier dont les déplacements de l'extrémité libre étaient enregistrés sur un cylindre enfumé. Marey substitua aux entonnoirs de petites cuvettes ou petits tambours métalliques de forme très plate, prolongés latéralement par un petit tube métallique qui s'ouvre à leur intérieur et s'adapte d'autre part à un étroit tube de caoutchouc qui les fait commu-

---

[1] K. Vierordt, *Die Lehre vom Arterienpuls*, Braunschweig, 1855.

[2] J.-B. Marey : 1º *Annales des Sciences naturelles : Zoologie*, 4º série, t. VIII, 1858 ; 2º *Journal de Physiologie*, t. III, 1860, p. 243 et suiv.

niquer l'un avec l'autre. Il fit rigide et solide le levier actionnant la première membrane, extrêmement léger celui actionnant la seconde. Il enregistra de plus, sur le même cylindre tournant, les vibrations d'un style porté par un diapason à mouvement entretenu électriquement. Cette idée, dont le principe est dû encore à Thomas Young et qui avait été perfectionnée par Duhamel, Helmholtz, Becquerel, Foucault, permit, en alignant les pointes du style et du levier sur une même génératrice du cylindre, d'estimer le temps séparant les inscriptions de deux états du levier enregistreur (sauf de minimes erreurs d'excentricité à corriger).

En posant simultanément les leviers récepteurs sur l'aorte, l'artère carotide et l'artère fémorale d'un cheval, Marey rendit évident par ses diagrammes le retard du pouls de l'artère fémorale sur celui de la carotide, de celui de la carotide sur celui de l'aorte, et estima ces retards : s'il eût été possible de déterminer les trajets entre les points d'appui des récepteurs, il aurait obtenu une première approximation de la vitesse de propagation des ondes pulsatiles. Son ingénieuse mise en œuvre d'idées connues fut adoptée par les physiologistes pour mesurer cette vitesse, et même pour examiner l'influence du diamètre, de l'élasticité de la paroi, de la densité, et même de l'énergie des ondes : les essais de Donders, Rive, Valentin (¹) sont à citer. Mais, malgré la variété des dispositifs réalisés et l'habileté des expérimentateurs, nous ne pouvons citer aucune expérience dont les conditions soient bien définies numériquement.

Marey lui-même reprit la question et, laissant de côté les phénomènes de la circulation du sang, se mit à « rechercher d'après quelles lois se propage le mouvement des liquides dans des tuyaux élastiques assimilables aux vaisseaux artériels ». La grande publicité donnée à son Mémoire (²) eut au moins pour résultat de provoquer plusieurs travaux.

Un tube de caoutchouc, placé horizontalement, est rempli de

(¹) Donders, *Physiologie der Menschen*, 1859, p. 79. — Rive, *De Sphygmograaf en de Sphygmog-curve*, 1866. — Valentin, *Versuch einer phys. Pathologie d. Herzens im d. Blutgefässe*, 1866, Leipzig, p. 156.

(²) *Physiologie expérimentale* (Travaux du laboratoire du Professeur Marey) t. I., 1875, Mém. III : *Mouvement des ondes liquides pour servir à la théorie du pouls*, p. 87-121. Ce Mémoire a été reproduit dans le *Journal de Physique*, 1875

liquide; une de ses extrémités est adaptée à une pompe, l'autre à
un ajutage d'écoulement qu'on peut fermer. Il traverse une suite
de six explorateurs identiques, distants d'axe en axe de 20^{cm} et
dont la disposition est marquée par la coupe ci-dessous. Une caisse

Fig. 3.

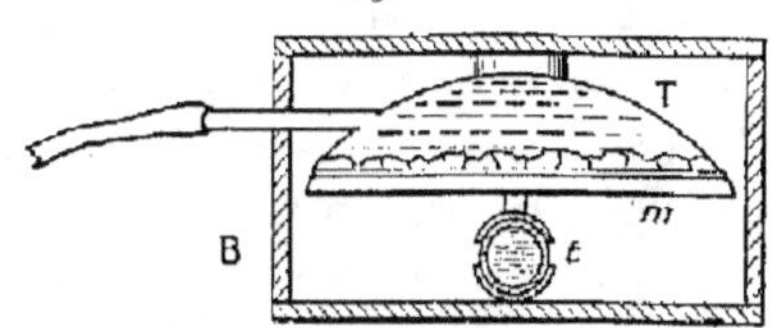

rectangulaire B, ouverte à ses deux bouts, livre passage au tube t
qui est serré entre deux demi-gouttières métalliques : l'inférieure
est fixée au fond de la caisse, l'autre à la membrane de caoutchouc
qui forme la paroi inférieure m d'une capsule T remplie d'air. Un
mince tube de liaison fait communiquer cette capsule avec la
cavité d'une capsule semblable dont la membrane actionne un
levier inscripteur. Les six leviers marquent leurs traces sur une
même génératrice d'un cylindre enfumé tournant avec une vitesse
superficielle de 28^{cm} par seconde, chronographié par un diapason
à 50 vibrations doubles par seconde.

Le tube plein d'eau étant fermé, on enfonce brusquement le
piston de la pompe ; l'eau refoulée s'élance dans le tube, donnant
une intumescence principale suivie d'intumescences secondaires
qui tendent à s'éteindre rapidement. Au passage de l'intumescence
sous un explorateur, les deux demi-gouttières tendent à s'écarter ;
la supérieure, seule mobile, totalise la variation du diamètre et
comprime le tambour à la membrane duquel elle est fixée. La
membrane conjuguée subit un déplacement corrélatif inscrit proportionnellement sur le cylindre.

Marey suivait sur les tracés le point correspondant à la dilatation
maximum, ou à ce qu'il appelait le *sommet de l'onde*. Le temps

p. 25; dans le *Bulletin des Séances de la Société française de Physique*,
18 juin 1875, p. 95-102.

J'ai fait rechercher dans le cimetière d'instruments de l'Institut Marey si l'on
pourrait retrouver l'appareil employé par Marey; ce fut en vain : Marey avait
l'habitude de démonter les appareils qui lui avaient servi pour en faire d'autres
avec les morceaux des anciens.

séparant les positions de ce point relatives à deux explorateurs successifs (distants de 20^{cm}) était en moyenne, dans les diagrammes joints au Mémoire, de $\frac{1}{50}$ de seconde, ce qui portait la vitesse de déplacement du sommet à 10^m environ. Mais, tout en notant que ce chiffre correspond à un certain diamètre et à une certaine élasticité du tube, et que ces éléments font varier la vitesse, l'auteur néglige de définir le tube qu'il a employé.

A défaut de chiffres, Marey donne des conclusions qualitatives dont nous allons résumer les principales.

La vitesse de transport d'une onde est proportionnelle à la force élastique du tube; elle varie en raison inverse de la densité du liquide employé; elle diminue graduellement pendant le parcours de l'onde; elle croît avec la rapidité d'impulsion du liquide.

L'amplitude de l'onde est proportionnelle à la quantité de liquide qui pénètre dans le tube, et à la brusquerie de sa pénétration; elle diminue peu à peu pendant le parcours de l'onde.

Quand l'afflux du liquide est bref et énergique, il peut se produire une série d'ondes qui marchent à la suite les unes des autres et ont des amplitudes graduellement décroissantes; de ces *ondes secondaires*, les dernières formées s'éteignent les premières.

Si, au lieu d'introduire du liquide dans le tube, on en retire au contraire une petite quantité, il se forme une *onde négative* qui est soumise aux mêmes lois que l'onde positive et peut être suivie d'ondes négatives secondaires.

Lorsque le tube dans lequel se forment les ondes est fermé ou suffisamment rétréci à son extrémité, il se forme des *ondes réfléchies* qui suivent un trajet rétrograde et reviennent à l'origine du tube.

Ces expériences comme leurs conclusions appellent de nombreuses critiques que nous ferons ultérieurement (§ 15).

Henry Résal ([1]) se proposa aussitôt de justifier par l'analyse une partie des résultats énoncés par Marey; il le fit dans une Note très brève où il établit élégamment, et en précisant les hypothèses, le résultat d'Young qu'il ignorait.

([1]) H. Résal, *Sur les petits mouvements d'un fluide incompressible dans un tuyau élastique* (*C. R. Acad. Sc.*, t. LXXXII, 27 mars 1876, p. 698). Ce travail est reproduit dans le *Journal de Mathématiques pures et appliquées*, 1876, p. 342.

Désignons par p_0 la pression extérieure censée constante ; ω_0, R_0 la section et le rayon du tuyau à l'état naturel ; p, ω, v la pression, la section et la vitesse correspondant à la longueur s de l'axe du tuyau mesurée à partir d'une origine déterminée ; ρ la densité du liquide ; e l'épaisseur du tuyau ; E le coefficient d'élasticité de ce tuyau. Nous supposons que le rapport $\dfrac{e}{R_0}$ soit assez petit pour qu'on en puisse négliger la seconde puissance.

Assimilons les portions du tube comprises entre des sections normales consécutives à des anneaux élastiques qui n'exerceraient les uns sur les autres que des actions négligeables (en dehors de cette hypothèse, les complications paraissant presque impossibles à débrouiller rationnellement). La pression intérieure variable, développée dans une section méridienne et rapportée à l'unité de longueur du tuyau, vaut $2R(p - p_0)$; elle est équilibrée par la tension des anneaux aux deux bords, tension égale, pour chaque bord, au produit du coefficient d'élasticité des anneaux (dans le sens de leur circonférence) par leur épaisseur et leur allongement relatif λ ; on a donc

$$R_0(p - p_0) = E e \lambda;$$

et par suite

$$(1) \qquad \omega = \omega_0 + 2\pi R_0 . R_0 \lambda = \omega_0 \left[1 + \frac{2 R_0}{E e}(p - p_0) \right].$$

Nous allons négliger : $1°$ la pesanteur, ce qui suppose le tuyau sensiblement horizontal ; $2°$ les termes de l'ordre de v^2 et de ve. L'hypothèse des tranches donne la même relation

$$(2) \qquad \frac{\partial v}{\partial t} = -\frac{1}{\rho}\frac{\partial p}{\partial s}$$

que si le tuyau était indéformable.

Durant le temps dt, il passe à travers la section ω le volume liquide $\omega v\, dt$, et à travers la section qui en est distante de ds, le volume $\omega v\, dt + \dfrac{\partial(\omega v)}{\partial s}\, dt\, ds$; il est par suite resté, entre les plans de ces deux sections, le volume $-\dfrac{\partial(\omega v)}{\partial s}\, dt\, ds$, qui a produit l'augmentation de volume $\dfrac{\partial \omega}{\partial t}\, dt\, ds$. Nous avons donc

$$\frac{\partial(\omega v)}{\partial s} = -\frac{\partial \omega}{\partial t};$$

d'où, en développant et ayant égard à la relation (1) ainsi qu'au degré d'approximation convenu :

$$(3) \qquad \frac{\partial \varphi}{\partial s} = - \frac{2 R_0}{E e} \frac{\partial p}{\partial t}.$$

L'élimination de p entre les équations (2) et (3) donne

$$\frac{\partial^2 \varphi}{\partial t^2} = \frac{E e}{2 R_0 \rho} \frac{\partial^2 \varphi}{\partial s^2};$$

cette équation est de la forme de celle qui régit les ondes aériennes dans un tuyau à paroi rigide; on en déduit pour la vitesse de propagation des ondes

$$a = \sqrt{\frac{E e}{2 R_0 \rho}}.$$

Ainsi cette vitesse est égale à la racine carrée du produit du coefficient d'élasticité et de l'épaisseur du tuyau, divisé par celui du diamètre du tuyau et de la densité du liquide.

Ultérieurement, les physiologistes préféreront introduire le poids spécifique $\varpi = \rho g$ du liquide et écriront

$$a = \sqrt{\frac{E e g}{2 R_0 \varpi}}.$$

Cette formule portera dorénavant le nom de *formule de Résal*. Marey, dans une réimpression de son travail, l'intercalera parmi ses conclusions qu'elle ne confirme que grossièrement.

A l'occasion de la Note de Résal, M. J. Boussinesq [1], qui avait étudié analytiquement un grand nombre de problèmes sur le mouvement de l'eau dans les canaux et tuyaux à parois rigides et qui avait notamment découvert les lois de la propagation des ondes de translation des canaux, a signalé la possibilité d'étendre ses méthodes à la recherche du mouvement d'un liquide remplissant un tube à parois très élastiques; il a sommairement indiqué comment la formule de Résal se rattache à la formule de première approximation donnée par Lagrange pour la vitesse de propagation

---

[1] J. Boussinesq, *Additions et éclaircissements au Mémoire intitulé « Essai sur la théorie des eaux courantes »*, p. 58 (*Mém. prés. par div. sav. à l'Acad. des Sciences*, t. XXIV, n° 2).

des petits mouvements à la surface des liquides. Comme nous consacrerons deux Chapitres du présent travail au développement de cette brève remarque, il nous suffira ici de la signaler.

Ce ne fut pas la Note de Résal qu'il ignorait, mais le travail de Marey qui provoqua les recherches de Mœns (¹) au Laboratoire de Physiologie de Leyde.

Un tuyau était relié à un bout, par un robinet à clef, à un réservoir, et à l'autre, directement, à un second réservoir. Le tout étant plein de liquide et les réservoirs à des niveaux différents, l'ouverture ou la fermeture du robinet produisait des perturbations dont Mœns étudiait la vitesse de propagation. Mœns avait d'abord pris des tuyaux en métal portant aux extrémités des tubes à piston et à chambre d'air; la chambre d'air était fermée par une membrane sur laquelle reposait la pointe d'un récepteur à transmission de Marey. Les déformations enregistrées étaient prises pour mesure des variations de pression aux deux points considérés du tuyau. Il eut recours ensuite à des tuyaux en caoutchouc sur lesquels il appliquait directement la pointe des tambours récepteurs.

Mœns a essayé de déterminer théoriquement la vitesse de propagation d'une intumescence; il avait bien quelques connaissances mathématiques, mais peu complètes, et il ne croyait pas que le problème dont il s'occupait pouvait être traité par la mathématique seule : en conséquence, il appliqua une méthode mixte, suppléant par des résultats expérimentaux à ce que ses raisonnements mathématiques avaient d'incomplet.

Le courant étant établi entre les réservoirs, le robinet est fermé brusquement : il se produit une sorte de choc; une *onde de perturbation* continue à se propager à partir de cet instant, elle va jusqu'au second réservoir, revient au robinet, etc., et finit par s'amortir. Mœns croit pouvoir déduire de ses expériences que « la longueur de parcours de la perturbation produite par la fermeture du robinet, jusqu'à son extinction, est égale à quatre fois la longueur de ce tuyau, quelles que soient les dimensions de ce tuyau ». Il admet, de plus, que la vitesse de propagation V_p de la

---

(¹) Adrian Isebree Mœns, *Over de voortplantingssnelheid van den Pols* (*Academisch Profschrift*, Leiden, 1877; Bl. 1-72); *Die Pulscurve*, Leiden, 1878; *Der erste Wellengipfel in dem absteigenden Schenkel der Pulscurve* (*Pflüger's Archiv : Physiol.*, t. XX, 1879, p. 517-533).

perturbation est constante, et il se propose de la calculer au moyen de la durée de parcours qu'il estime par une application bizarre et incorrecte du théorème des forces vives. En ce sens, il se rattache quelque peu aux idées de Ménabréa. Il est ainsi conduit à l'expression suivante (où nous transposons ses notations en celles de Résal) :

$$V_p = \frac{4}{\pi \sqrt{2,5}} \sqrt{\frac{Eeg}{R_0 \varpi}}.$$

Comme on a $\dfrac{4}{\pi \sqrt{2,5}} = 0,805\ldots$, la formule obtenue diffère peu de la formule de Young. C'était bien quelque chose, je crois, d'avoir obtenu ce résultat, dans une Thèse de doctorat en médecine, et c'était même beaucoup, par comparaison avec ce qu'avaient donné les physiologistes cités plus haut.

J. Mœns a d'ailleurs comparé les valeurs V_p calculées à celles mesurées : ces dernières étaient les plus grandes. Par exemple, pour $e = 0^{cm},239$, $R_0 = 0^{cm},820$, la théorie donnerait $\frac{1}{2}\left(13^m,90 + 14^m,07\right)$, soit $13^m,97$ par seconde, tandis qu'on mesure $14^m,30$.

Il faut reconnaître que sa détermination de E est contestable. De plus, Mœns songea à tenir compte d'un rétrécissement dû à l'emboîtement du tuyau de caoutchouc sur l'ajutage rigide du réservoir ; mais cette partie de son calcul est incompréhensible. Il s'arrêta en définitive à la formule

$$V_p = 0,9 \sqrt{\frac{Eeg}{R_0 \varpi}}.$$

Un peu plus tard, Mœns consulta à ce sujet D.-J. Korteweg, qui trouva facilement la formule de Résal qui lui était inconnue comme à Mœns, et ce fut à cette occasion que l'idée vint à Korteweg de traiter un problème plus général que nous rencontrerons au prochain Chapitre.

V. — Les expériences de Kundt (1875) et les recherches de D.-J. Korteweg (1878).

Les vitesses de propagation du son dans une masse fluide indéfinie et dans une colonne cylindrique du même fluide présentent un écart très sensible ; dans une expérience de Wertheim [1], la seconde était de $1173^m,4$, tandis que la première était estimée à 1435^m, à la même température. Dès 1848, Helmholtz [2] attribua cette différence à l'influence de l'élasticité et du frottement des parois, et quand, en 1870, Fr. André [3] observa, dans une conduite d'eau en fonte de $0^m,02$ d'épaisseur et de $0^m,80$ de diamètre, une vitesse de propagation du son égale à $897^m,80$, ce fut la même cause de déficit qui fut invoquée.

En 1874, Kundt [4] étendit, à la détermination de la vitesse du son dans un tuyau plein d'eau, la méthode qui, en 1865, lui avait réussi pour les tuyaux pleins d'air. Son appareil, établi avec le concours d'O. Lehmann, se compose d'un tube de verre fermé de chaque côté par un bouchon de caoutchouc et muni de deux robinets devant servir à le remplir de liquide. L'un des bouchons est traversé par une baguette de verre dont l'extrémité intérieure au tube porte un disque d'un diamètre légèrement inférieur à celui du tube et qui est fixée au quart de sa longueur, extérieur au tube, dans les mâchoires d'un étau. Si l'on fait vibrer longitudinalement cette tige, elle donne son second harmonique, et le disque qu'elle porte imprime à la colonne fluide comprise entre ce disque et le second bouchon un mouvement vibratoire de même période. On a réparti uniformément sur la surface intérieure du tube de la fine limaille de fer, ou de la poudre à tirer, débarrassée du nitre par lavage, et cette substance, sous l'influence des vibrations, tend à s'accumuler aux nœuds. La longueur du tuyau est rendue égale à un nombre entier de demi-longueurs d'onde en enfonçant plus ou moins le second bouchon, et l'on admet que l'appareil est ainsi réglé d'après la netteté avec laquelle la poudre se rassemble aux points en repos. On n'a plus dès lors qu'à mesurer la distance l de deux lignes nodales successives : si N est le nombre des vibrations, par seconde, de la tige, la vitesse du son dans la colonne liquide en expérience est $V = 2Nl$. Avec la même tige, on

---

[1] WERTHEIM, *Poggendorf Annalen*, Bd. LXXVII.

[2] HELMHOLTZ, *Jahresberichten für der Forschritte der Physik*, 1848, Bd. IV, und *Ges. Abh.*, Bd. I, p. 246.

[3] FR. ANDRÉ, *C. R. Acad. Sc.*, t. LXX, 1870, p. 568.

[4] KUNDT und O. LEHMANN, *Ueber longitudinale Schwingungen und Klangfiguren in cylindrischen Flüssigkeitssäulen* (*Poggendorf Annalen*, Bd. CLIII, 1874, p. 1).

ébranle une colonne d'air identique; si l_1 et V_1 sont les analogues de l et V, l_1 étant mesurée en employant comme poudre de la silice, on a de même $V_1 = 2Nl_1$. La vitesse cherchée est donc

$$V = V_1 \frac{l}{l_1}.$$

En 1875, V. Dvořák ([1]) modifie un peu le dispositif. Il prend un tube horizontal de 2^m de longueur, recourbé à une extrémité fermée à la lampe (le retour ayant la largeur d'un doigt et contenant une grosse bulle d'air), replié verticalement à l'autre extrémité laissée ouverte (largeur d'une main); il le remplit d'eau de telle sorte que la partie verticale ne soit qu'en partie remplie. Il ébranle ensuite fortement la colonne d'air qui reste en soufflant avec la bouche : la hauteur du son se change en ajoutant ou en ôtant de l'eau. La poudre mise dans le tube montre, après quatre ou cinq ébranlements, des rides très régulières à nœuds équidistants. Il estime la hauteur du son à l'aide du monocorde et mesure la distance de deux nœuds. La vitesse du son s'en déduit par la formule $V = 2Nl$.

Les résultats de ces expériences sont résumés dans les deux Tableaux suivants, où e et $2R$ sont l'épaisseur et le diamètre intérieur du tube, l et l_1 les demi-longueurs d'onde dans l'eau et dans l'air, L la longueur de corde du ton correspondant au monocorde, toutes ces quantités évaluées en millimètres; N le nombre des vibrations par seconde, V la vitesse de propagation déduite en mètres, t la température centigrade.

NUMÉRO du tube.	e.	$2R$.	l.	l_1.	N.	t.	V.
1.......	2,2	28,7	145,2	47,6	»	18,4	1040,4
2.......	3	34	148	41	»	17	1220,6
3.......	3	23,5	106	28,6	»	18	1262,2
4.......	3,5	21	116,2	29,2	»	18,5	1357,6
5.......	5	16,5	157,2	39,3	»	18,2	1363,7
6.......	5	14	130,6	32,4	»	22,2	1383,2

(Auteurs : KUNDT et LEHMANN.)

([1]) V. Dvořák, *Ueber die Schallgeschwindigkeit des Wassers in Röhren* (*Poggendorf Annalen*, Bd. CLIV, 1875, p. 154).

NUMÉRO du tube.	c.	$2R$.	$2l$.	L.	N.	t.	V.
1......	0,82	17,9	944	186,4	1021,7	19°	998
2......	0,63	11,7	950	178,7	1102	19	1046
3......	0,52	8,46	955	161,6	1219	19	1164
4......	2	15	1188	192,9	1021,7	19	1213
5......	2	11	1219	187,5	1046	19	1281

(Auteur : Dvořák.)

Les recherches de Mœns et les expériences de Kundt ont amené un professeur de Bréda, D.-J. Korteweg [1] à calculer la vitesse de propagation d'une perturbation à partir de l'état d'équilibre à travers une longue colonne cylindrique d'un fluide de coefficient d'élasticité connu, contenu dans un tuyau à paroi d'élasticité aussi connue.

Il s'appuie sur les hypothèses simplificatrices suivantes : 1° la masse liquide initialement comprise entre deux plans normaux à l'axe du tuyau, pourra se comprimer, se dilater, s'élargir, mais restera toujours comprise entre deux tels plans; 2° la longueur d'onde est assez grande pour qu'on doive regarder les déformations de la paroi du tuyau seulement comme des dilatations et contractions des sections annulaires normales à l'axe du tube.

Considérons, à l'état d'équilibre, la tranche élémentaire comprise entre les abscisses x et $x+\xi$, de rayon R et de volume $v = \pi R^2 \xi$; soit $u(x, t)$ le déplacement de sa première face à l'instant t et r la variation de son rayon; le déplacement de la seconde face aura pour partie principale $u + \dfrac{\partial u}{\partial x} \xi$, et le volume de la tranche fluide sera devenu

$$v + \Delta v = \pi (R + r)^2 \left(\xi + \frac{\partial u}{\partial x} \xi \right);$$

[1] D.-J. Korteweg, *Over voortplantings-Snelheid van Golven in elastische Buizen* (Acad. Proefschrift, Leiden 1878); *Ueber die Fortplanzungsgeschwindigkeit des Schalls in elastischen Röhren* (*Poggendorf Annalen*, Neue Folge, Bd. V. 1878, p. 525-542.

on déduit de là (les variations de u et de R étant suffisamment petites)

$$\frac{\Delta v}{v} = \frac{2\,r}{R} + \frac{\partial u}{\partial x}.$$

Soient d'autre part p la variation de la pression du fluide, produite dans la section d'abscisse x, à l'instant t, par la perturbation, et E_1 le coefficient d'élasticité du fluide ; on a

$$p = -\,E_1\,\frac{\Delta v}{v}.$$

Par comparaison, on obtient la première relation

$$(1) \qquad\qquad \frac{p}{E_1} + \frac{\partial u}{\partial x} + \frac{2\,r}{R} = 0.$$

L'application du théorème des quantités de mouvement projetées suivant l'axe du tuyau, à la masse de la tranche, donne aisément (ρ_1 étant la densité du fluide)

$$(2) \qquad\qquad \rho_1\,\frac{\partial^2 u}{\partial t^2} = -\,\frac{\partial p}{\partial x}.$$

Appliquons enfin le même théorème à un élément de la paroi annulaire limitant la tranche, élément sur lequel agissent la pression intérieure du fluide, p, et la tension élastique normale q de l'anneau dilaté, la projection étant faite suivant le rayon moyen ; e étant l'épaisseur de la paroi et ρ sa densité, il vient

$$(3) \qquad\qquad \rho\,e\,\frac{\partial^2 r}{\partial t^2} = p - q.$$

Les fibres annulaires ont subi un allongement unitaire $\frac{r}{R}$; l'anneau est donc soumis à une tension tangentielle uniforme $Ee\xi\frac{r}{R}$; un élément d'anneau d'amplitude angulaire ε et d'aire $R\varepsilon\xi$ subit une pression normale corrélative $2\,Ee\xi\frac{r}{R}\cdot\frac{\varepsilon}{2}$, et par suite la tension normale élastique par unité d'aire est

$$(4) \qquad\qquad q = \frac{E\,e\,r}{R^2}.$$

L'élimination de p et q entre les équations établies donne

$$(5) \qquad \frac{\rho_1}{E_1} \frac{\partial^2 u}{\partial t^2} = \frac{\partial^2 u}{\partial x^2} + \frac{2}{R} \frac{\partial r}{\partial x},$$

$$\frac{\rho e}{E_1} \frac{\partial^2 r}{\partial t^2} + \frac{\partial u}{\partial x} + \frac{2r}{R} + \frac{E e r}{R^2} = 0.$$

On déduit de là

$$(6) \qquad \frac{\rho e}{E_1} \frac{\partial^3 r}{\partial x \, \partial t^2} + \frac{\rho_1}{E_1} \frac{\partial^2 u}{\partial t^2} + \frac{E e}{R^2} \frac{\partial r}{\partial x} = 0,$$

et l'élimination de $\frac{\partial r}{\partial x}$ entre (5) et (6) conduit à l'équation aux dérivées partielles du quatrième ordre définissant le déplacement u

$$(A) \qquad \frac{e\rho\rho_1 R^2}{E E_1} \frac{\partial^4 u}{\partial x^4} - \frac{R^2 e \rho}{E} \frac{\partial^4 u}{\partial x^2 \, \partial t^2} + \left(\frac{2\rho_1 R}{E} + \frac{e\rho_1}{E_1} \right) \frac{\partial^2 u}{\partial t^2} - e \frac{\partial^2 u}{\partial x^2} = 0.$$

Si l'on néglige l'inertie du tube, l'équation (3) se réduit à $p = q$, et l'équation (A) est remplacée par

$$(B) \qquad \frac{\partial^2 u}{\partial x^2} - \left(\frac{\rho_1}{E_1} + \frac{2\rho_1 R}{E e} \right) \frac{\partial^2 u}{\partial t^2} = 0.$$

Pour une paroi absolument rigide, on aurait $E = \infty$, et par suite

$$\frac{\partial^2 u}{\partial x^2} - \frac{\rho_1}{E_1} \frac{\partial^2 u}{\partial t^2} = 0;$$

pour un fluide incompressible, on aurait au contraire $E_1 = \infty$; d'où

$$\frac{\partial^2 u}{\partial x^2} - \frac{2\rho_1 R}{E e} \frac{\partial^2 u}{\partial t^2} = 0.$$

Les petits mouvements se propagent le long du fluide avec la vitesse $\alpha = \sqrt{\dfrac{E_1}{\rho_1}}$ dans le premier cas (Newton), et $\beta = \sqrt{\dfrac{E e}{2\rho_1 R}}$ dans le second (Young).

Dans le cas général, l'équation (B) donne comme vitesse de propagation des petits mouvements la quantité V_p définie par

$$\frac{1}{V_p^2} = \frac{1}{\alpha^2} + \frac{1}{\beta^2} \qquad \text{(Korteweg)}.$$

Si l'inertie de la paroi est mise en compte, l'équation des petits mouvements s'écrit, en introduisant la vitesse $\gamma = \sqrt{\dfrac{E}{\rho}}$ de propagation dans une masse infinie de la paroi,

$$(C) \qquad \frac{R^2}{\alpha^2\gamma^2}\frac{\partial^4 u}{\partial t^4} - \frac{R^2}{\gamma^2}\frac{\partial^4 u}{\partial x^2\,\partial t^2} + \frac{1}{V_\mu^2}\frac{\partial^2 u}{\partial t^2} - \frac{\partial^2 u}{\partial x^2} = 0.$$

Les solutions particulières du type

$$u = A \cos\left[\frac{2\pi}{\lambda}(x - \delta t) + \varepsilon\right],$$

où la longueur d'onde λ est considérée comme donnée, et où A, δ, ε sont des constantes, conduisent à une vitesse de propagation δ définie par l'équation quadratique

$$\frac{R^2}{\alpha^2\gamma^2}\left(\frac{2\pi}{\lambda}\right)^2\delta^4 - \frac{R^2}{\gamma^2}\left(\frac{2\pi}{\lambda}\right)^2\delta^2 - \frac{1}{V_\mu^2}\delta^2 + 1 = 0,$$

dont il faut prendre la racine qui, pour $\lambda = \infty$, se tranforme en V_p.

Le raisonnement qui a servi à établir la relation (4) suppose que l'épaisseur e de la paroi est très petite. Si la paroi est épaisse, Korteweg déduit des formules de Lamé et de Clapeyron (¹) concernant l'équilibre d'élasticité du cylindre circulaire creux, que la même formule (4) est encore valable en modifiant la valeur du coefficient E.

Admettons que chaque anneau élémentaire du tube se déforme comme un cylindre de longueur infinie, soumis à des pressions uniformément réparties sur ses deux faces, et sans tension longitudinale. Soit U le déplacement radial d'une particule de la paroi; à cause de la symétrie supposée autour de l'axe du tube, pris pour axe des x d'un système rectangulaire de coordonnées (on néglige le poids du liquide et du tuyau vis-à-vis de la pression intérieure, et aussi les appuis extérieurs du tuyau), U ne dépendra que de la distance σ de la particule à l'axe des x. En nous bornant au cas d'une paroi isotrope, nous allons chercher à vérifier les

---

(¹) LAMÉ et CLAPEYRON, *Mémoire sur l'équilibre intérieur des corps solides homogènes* (*Journal de Crelle*, Bd. VII, 1831, p. 145-169, 237-252, 381-413).

équations générales de l'élasticité par les expressions

$$u_1 = a x_1, \qquad v_1 = U \frac{y}{\sigma}, \qquad w_1 = U \frac{z}{\sigma} \qquad (a \text{ const.}),$$

des composantes du déplacement de l'élément envisagé. La densité cubique correspondante est

$$\theta = \frac{dU}{d\sigma} - \frac{U}{\sigma} + a,$$

et les expressions des tensions sont

$$N_x = \lambda \theta + 2\mu a, \qquad N_y = \lambda \theta + 2\mu \frac{\partial v_1}{\partial y}, \qquad N_z = \lambda \theta + 2\mu \frac{\partial w_1}{\partial z},$$

$$T_x = 2\mu \frac{\partial v_1}{\partial y} = 2\mu \frac{\partial w_1}{\partial z}, \qquad T_y = 0, \qquad T_z = 0,$$

λ et μ étant les constantes d'élasticité de la substance. Si l'on néglige aussi l'inertie de la paroi, les équations de Cauchy se réduisent à deux, qui donnent $\frac{\partial \theta}{\partial y} = \frac{\partial \theta}{\partial z} = 0$; θ doit se réduire à une simple constante $a + 2b$, et une intégration immédiate donne, par suite, c étant une nouvelle constante,

$$U = b\sigma + \frac{c}{\sigma}.$$

Dès lors, pour un point situé dans le plan xOz ($z = \sigma, y = 0$), on trouve $T_x = T_y = T_z = 0$, et

$$N_x = (\lambda + 2\mu)a + 2\lambda b,$$

$$N_y = \lambda a + 2(\lambda + \mu)b + \frac{2\mu c}{\sigma^2},$$

$$N_z = \lambda a + 2(\lambda + \mu)b - \frac{2\mu c}{\sigma^2}.$$

Le fluide étant en équilibre dans le tube, on a $N_x = 0$, et pour $\sigma = R$, $\sigma = R + e$, N_z a les valeurs données des pressions sur les deux faces de la paroi, ce qui détermine a, b, c. Une surpression intérieure p donnera lieu à un nouvel état, caractérisé par les valeurs $a + a_1$, $b + b_1$, $c + c_1$ des constantes, que définissent des équations analogues. Par différence des équations correspondantes et en observant que la variation de la dilatation radiale est r, Korteweg obtient

$$(\lambda + 2\mu)a_1 + 2\lambda b_1 = 0,$$

$$\lambda a_1 + 2(\lambda + \mu)b_1 - \frac{2\mu c_1}{R^2} = -p,$$

$$\lambda a_1 + 2(\lambda + \mu)b_1 - \frac{2\mu c_1}{(R + c)^2} = 0,$$

$$b_1 R + \frac{c_1}{R} = r.$$

L'élimination de a_1, b_1, c_1 entre ces équations est bien simple; en introduisant ce que j'appellerai plus tard le *module du tuyau*, $m = \dfrac{c}{2\,R}$, il vient

$$p\,R^2\left[(1 + 2m)^2 + \frac{\lambda + 2\mu}{3\lambda + 2\mu}\right] = 4\mu\,er(1 + m).$$

On sait, d'autre part, que le coefficient d'élasticité de traction de la substance a pour expression

$$E = \frac{\mu(3\lambda + 2\mu)}{\lambda + \mu};$$

si on l'introduit à la place de λ, il vient

$$(4\ bis) \qquad\qquad p = \mathcal{E}\,\frac{re}{R^2},$$

le coefficient $\mathcal{E}$ étant défini par la relation

$$\frac{1}{\mathcal{E}} = \frac{1}{(m + 1)E} + \frac{m}{\mu}.$$

Quand les puissances de m supérieures à la première sont négligeables, on trouve

$$\mathcal{E} = E\left[1 - \left(1 + \frac{\lambda}{\lambda + \mu}\right)m\right].$$

Korteweg envisage encore le cas où la tension longitudinale ne serait plus nulle, mais où tout déplacement longitudinal serait impossible; cela revient à supposer $u_1 = 0$ (soit $a = a_1 = 0$) et à supprimer la condition $N_x = 0$. Les mêmes calculs donnent la solution; on est conduit à éliminer b_1 et c_1 entre les équations

$$2(\lambda + \mu)b_1 - \frac{2\mu c_1}{R^2} = - p,$$

$$2(\lambda + \mu)b_1 - \frac{2\mu c_1}{(R - c)^2} = 0,$$

$$b_1 R + \frac{c}{R} = r.$$

Il vient

$$p R^2 \left[(1 + 2m)^2 + \frac{\mu}{\lambda + \mu} \right] = 4\mu c r(1 + m).$$

On retrouve la formule (4 bis) où cette fois $\mathcal{E}$ est défini par la relation

$$\frac{(1 + m)\mu}{\mathcal{E}} = 1 + m + m^2 - \frac{E}{4\mu}.$$

Quand les puissances de m au delà de la première sont négligeables, il vient

$$\mathcal{E} = \frac{4\mu^2}{4\mu - E} \left(1 - \frac{mE}{4\mu - E} \right).$$

Pour confronter la formule de Korteweg avec les résultats des expériences de Kundt et de Dvořák, il faudrait connaître le coefficient d'élasticité E; tous les tubes employés étaient en verre, mais ils pouvaient avoir des coefficients d'élasticité notablement différents; aussi serait-il intéressant de reprendre ces expériences en déterminant le coefficient d'élasticité de la paroi directement, par les vibrations longitudinales par exemple. Quoi qu'il en soit, Korteweg part de la relation

$$\frac{\alpha^2}{V_p^2} = 1 + \frac{E_1}{E} \cdot \frac{1}{\left(1 - \frac{2\lambda + \mu}{\lambda + \mu} m \right) m}.$$

Il admet que pour le verre $E = 600000$ (kg : cm²), pour l'eau $E_1 = 20000$ (kg : cm²), et avec Wertheim, il suppose $\lambda = 2\mu$. Il calcule alors α par la relation

$$\alpha = V_p \sqrt{1 + \frac{3 + 5m}{90 m}},$$

et il compare le résultat au nombre $\alpha = 1437^m$ ordinairement admis. Les Tableaux ci-après montrent que les expériences de

Kundt donnent une moyenne de 1445^m, et celles de Dvořák une moyenne de 1398^m.

A. Terquem ([1]) admet au contraire $\alpha = 1437^m$ et calcule E au moyen de la relation

$$\frac{1}{V_p^2} = \frac{1}{\alpha^2} + \frac{\rho_1}{m E\left(1 - \frac{5}{3}m\right)},$$

où $\rho_1 = 1$. Il trouve que seules les expériences de Dvořák donnent des nombres comparables les uns aux autres, ce qui semble démontrer, selon lui, qu'elles étaient mieux faites; celles de Kundt donnent des valeurs allant de 37.10^3 à 650.10^3, tandis que pour les autres on a les chiffres de la dernière colonne du Tableau qui suit :

NUMÉRO DU TUBE.	MODULE m.	V_p. mesurée.	α CALCULÉ (Korteweg).	E CALCULÉ (Terquem.)
Kundt n° 1...............	0,076	1040,4	1270	»
» 2...............	0,088	1220,6	1480	»
» 3...............	0,127	1262,2	1450	»
» 4...............	0,167	1357,6	1510	»
» 5...............	0,303	1363,7	1470	»
» 6...............	0,357	1383,2	1480	»
Dvořák N° 1...............	0,046	998	1340	474.10^3
» 2...............	0,054	1046	1360	500
» 3...............	0,061	1164	1470	753
» 4...............	0,133	1213	1380	520
» 5...............	0,182	1281	1440	665

La valeur moyenne de E à laquelle on est conduit, 582.10^3, est bien éloignée de la valeur que M. Amagat donne pour le verre, 677.10^3.

Dans la suite de son travail, Korteweg renonce à l'hypothèse des tranches et admet seulement que l'état de mouvement et la pression sont les mêmes tout autour de l'axe du tube.

([1]) A. Terquem, *Journal de Physique de D'Almeida*, 1880, p. 127-134.

Soit un anneau fluide élémentaire compris, à l'état d'équilibre, entre les abscisses x et $x + \xi$, entre les rayons R_1 et $R_1 + \lambda$; soient u_1 et r_1 les accroissements que x et R_1 doivent au mouvement, fonctions, comme la pression p_1, de x, de R_1 et du temps t. En raisonnant comme plus haut pour établir la relation (1), on obtient

$$(1') \qquad \frac{p_1}{E_1} + \frac{r_1}{R_1} + \frac{\partial r_1}{\partial R_1} - \frac{\partial u_1}{\partial x} = 0.$$

A cette équation, Korteweg adjoint les équations de Mac Laurin,

$$(2') \qquad \rho_1 \frac{\partial^2 u_1}{\partial t^2} = - \frac{\partial p_1}{\partial x},$$

$$(3') \qquad \rho_1 \frac{\partial^2 r_1}{\partial t^2} = - \frac{\partial p_1}{\partial R_1},$$

et il prend, comme condition limite,

$$p_1 = \frac{\mathcal{E}er}{R^2} \qquad \text{pour} \qquad R_1 = R.$$

Ces équations admettent des intégrales particulières de la forme

$$u_1 = u' \cos \Phi, \qquad r_1 = r' \sin \Phi, \qquad p_1 = p' \sin \Phi,$$

où

$$\Phi = \frac{2\pi}{\lambda}(x - \delta t) + \gamma,$$

u', r', p' étant des fonctions de R_1 seulement qui s'obtiennent par substitution des expressions qu'on vient d'écrire dans les équations du problème. La fonction p' se trouve définie par l'équation différentielle du second ordre

$$\frac{d^2 p'}{dR_1^2} + \frac{1}{R_1} \frac{dp'}{dR_1} - \frac{4\pi^2}{\lambda^2}\left(1 - \frac{\delta^2}{\alpha^2}\right) p' = 0,$$

où $\alpha = \sqrt{\dfrac{E_1}{\rho_1}}$, et cette équation s'intègre au moyen des fonctions de Bessel. La connaissance de p' entraîne algébriquement celle de u' et de r'. En posant

$$B = \frac{4\pi^2}{\lambda^2}\left(1 - \frac{\delta^2}{\alpha^2}\right), \qquad K(x) = 1 + \frac{x^2}{(1.2)^2} + \frac{x^4}{(1.2.4)^2} + \frac{x^6}{(1.2.4.6)^2} + \cdots,$$

on obtient la solution particulière

$$p' = a\,\mathrm{K}\left(\mathrm{R_1}\sqrt{\mathrm{B}}\right), \qquad u' = \frac{\lambda a}{2\pi\rho_1\delta^2}\,\mathrm{K}\left(\mathrm{R_1}\sqrt{\mathrm{B}}\right), \qquad r' = \frac{\lambda^2 a \sqrt{\mathrm{B}}}{4\pi^2\delta^2\rho_1}\,\mathrm{K'}\left(\mathrm{R_1}\sqrt{\mathrm{B}}\right),$$

et la condition limite donne pour déterminer δ, λ étant supposé donné, l'équation transcendante

$$\mathrm{K}\left(\mathrm{R}\sqrt{\mathrm{B}}\right) = \frac{\mathcal{E}c}{\mathrm{R}^2}\,\frac{\lambda^2\sqrt{\mathrm{B}}}{4\pi^2\delta^2\rho_1}\,\mathrm{K'}\left(\mathrm{R}\sqrt{\mathrm{B}}\right).$$

En notant que les puissances de B sont faibles, on pourra réduire les développements de K et de K' à leur premier terme, et cela donne de suite, avec nos notations précédentes,

$$\frac{1}{\delta^2} = \frac{1}{\alpha^2} + \frac{1}{\beta^2} = \frac{1}{\mathrm{V}_p^2}.$$

Partant de cette valeur de δ comme de première approximation, Korteweg arrive à la valeur plus approchée

$$\delta = \mathrm{V}_p\left[1 - \frac{\pi^2\mathrm{R}_1^2\mathrm{V}_p^2}{4\beta^2\lambda^2}\left(1 - \frac{\mathrm{V}_p^2}{\alpha^2}\right) - \frac{e\rho\mathrm{R}}{4\rho_1}\,\frac{4\pi^2}{\lambda^2}\,\frac{\mathrm{V}_p^4}{\beta^4}\right].$$

Le Mémoire de Korteweg se termine par une mise en compte du frottement intérieur du fluide, à partir des équations de Navier transformées en coordonnées cylindriques dans l'hypothèse où le régime est symétrique autour de l'axe du tube. Les équations $(2')$ et $(3')$ se trouvent remplacées par les suivantes :

$$\rho_1\frac{\partial^2 u_1}{\partial t^2} + \frac{\partial p_1}{\partial x} = m\frac{\partial}{\partial t}\left(\frac{\partial^2 u_1}{\partial x^2} + \frac{\partial^2 u_1}{\partial \mathrm{R}_1^2} + \frac{1}{\mathrm{R}_1}\frac{\partial u_1}{\partial \mathrm{R}_1}\right) - \frac{n}{\mathrm{E}_1}\frac{\partial^2 p_1}{\partial x\,\partial t},$$

$$\rho_1\frac{\partial^2 r_1}{\partial t^2} + \frac{\partial p_1}{\partial \mathrm{R}_1} = m\frac{\partial}{\partial t}\left(\frac{\partial^2 r_1}{\partial x^2} + \frac{\partial^2 r_1}{\partial \mathrm{R}_1^2} + \frac{1}{\mathrm{R}_1}\frac{\partial r_1}{\partial \mathrm{R}_1} - \frac{r_1}{\mathrm{R}_1^2}\right) - \frac{n}{\mathrm{E}_1}\frac{\partial^2 p_1}{\partial \mathrm{R}_1\,\partial t},$$

où m et $\dfrac{n}{\mathrm{E}_1}$ sont les deux coefficients de frottement intérieur ou d'imparfaite fluidité. On cherche encore des solutions correspondant à des ondes simples qui se propageraient avec une intensité et une forme invariable, par un traitement analogue au précédent, mais qui donne lieu à des calculs extrêmement pénibles et sans résultats utilisables.

L'auteur conclut par cette remarque qu'il serait très désirable que les résultats de sa théorie pussent être comparés à l'observation par des expériences nombreuses. Mais les expérimentateurs ne semblent pas avoir confiance dans les dernières conclusions : selon A. Terquem, « l'hypothèse implicite que les vibrations du tube sont synchrones de celles du fluide et représentées par une formule sinusoïdale ne paraît guère admissible, car le tube doit transmettre les vibrations qui lui sont communiquées avec une vitesse propre dépendant de son élasticité, ainsi que l'ont constaté Biot et Regnault, ce qui doit compliquer la réaction du tube sur le liquide, surtout si l'on produit des ondes fixes comme dans les expériences de Kundt et de Dvořák : les nœuds et ventres du fluide ne coïncideront pas évidemment avec ceux du tube ».

Il y avait cependant là l'idée de mettre en compte le frottement du fluide et l'inertie de la paroi ; c'est cette idée que va reprendre, avec beaucoup plus de netteté, J.-S. Gromeka, de Kazan.

VI. — La théorie de J.-S. Gromeka [1] (1883).

Nous allons préalablement donner quelques brèves indications sur les équations générales de l'équilibre dynamique d'une membrane courbe très mince et sur les relations entre les tensions et les déformations d'une telle membrane, d'après Aron et Lecornu [2].

Sur une face de la membrane, traçons un réseau de courbes orthogonales (s_1, s_2) ; soient r_1, r_2 les rayons de courbure géodésique des deux lignes s_1, s_2 au point (s_1, s_2) ; R_1, R_2 les rayons de courbure normaux ; r' la valeur commune de leurs torsions géodésiques ; ε l'épaisseur de la membrane ; ρ la densité de la matière. La membrane étant en mouvement, un élément infinitésimal (ds_1, ds_2) issu du point (s_1, s_2) subit, à l'instant t, un déplacement ayant pour composantes σ_1, σ_2, τ suivant les tan-

---

[1] J.-S. Gromeka, *Ueber die Geschwindigkeit der Fortplanzung der Wellenbewegung der Flüssigkeit in elastischen Röhren* (*Sammlung der Mitteilungen der physikalisch mathematischen Gesellschaft zu Kazan*, 1883). Ce travail est écrit en langue russe ; le titre est cité d'après les *Fortschritte für Mathematik*, où Wassilieff a donné une analyse de quatre lignes.

[2] Aron, *Gleichgewicht und Bewegung einer unendlich dünnen gekrümmten elastischen Schale* (*Journal de Crelle*, Bd. LXXVIII, 1874. — L. Lecornu, *De l'équilibre des surfaces flexibles* (*Journal Éc. Polytechn.*, 1880, not. p. 16-17 et 21-22).

gentes aux lignes coordonnées et suivant la normale n à la surface au point (s_1, s_2). Les normales à la surface le long du contour de l'élément découpent dans la membrane un volume élémentaire soumis à des forces extérieures données qui sont de l'ordre de grandeur les unes de son volume, les autres de la surface de sa base; soient F_{s_1}, F_{s_2}, F_n et P_{s_1}, P_{s_2}, P_n les projections de la résultante de chaque groupe suivant les directions s_1, s_2, n. Enfin, les faces élémentaires normales, issues respectivement de ds_2 et de ds_1, à partir du point (s_1, s_2), subissent des tensions unitaires de composantes respectives (T_1, N_1, Q_1) et $(-T_2, N_2, Q_2)$ suivant les mêmes directions. En exprimant les conditions d'équilibre dynamique du volume élémentaire, on reconnaît d'abord que Q_1 et Q_2 doivent avoir des grandeurs infiniment petites d'un ordre supérieur à l'épaisseur ε de la membrane, puis que $T_1 = T_2\,(= T)$, et l'on obtient enfin les équations

$$\frac{dN_1}{ds_1} + \frac{dT}{ds_2} + \frac{N_2 - N_1}{r_2} - \frac{2\,T}{r_1} + \rho\varepsilon\left(F_{s_1} - \frac{d^2 \tau_1}{dt^2}\right) + P_{s_1} = 0,$$

$$\frac{dN_2}{ds_2} + \frac{dT}{ds_1} + \frac{N_1 - N_2}{r_1} - \frac{2\,T}{r_2} + \rho\varepsilon\left(F_{s_2} - \frac{d^2 \sigma_2}{dt^2}\right) + P_{s_2} = 0,$$

$$\frac{N_1}{R_1} + \frac{N_2}{R_2} \qquad\qquad + \frac{2\,T}{r'} + \rho\varepsilon\left(F_n - \frac{d^2 \tau}{dt^2}\right) + P_n = 0.$$

La déformation de l'élément envisagé est définie par les allongements α_1, α_2 des côtés ds_1, ds_2, et par la variation β de l'angle de ces côtés. En supposant la déformation infiniment petite et en négligeant les termes du troisième ordre et au delà par rapport à l'épaisseur ε, Aron a démontré qu'on a

$$N_1 = C\alpha_1 + D\alpha_2, \qquad N_2 = D\alpha_1 + C\alpha_2, \qquad T = G\beta,$$

si l'on pose (λ et μ étant les constantes de Lamé)

$$C = \frac{4\,\mu(\lambda + \mu)}{\lambda + 2\mu}\,\varepsilon, \qquad D = \frac{2\lambda\mu}{\lambda + 2\mu}\,\varepsilon, \qquad G = \mu\varepsilon.$$

Admettons qu'à l'état d'équilibre la membrane ait la forme d'un cylindre de révolution de rayon intérieur a et que les lignes s_1, s_2 soient les génératrices rectilignes et circulaires; (x, r, θ) étant des coordonnées cylindriques dont l'axe est celui du cylindre, on a $ds_1 = dx$, $ds_2 = ad\theta$; dans l'état d'équilibre de la membrane, on a $r_1 = r_2 = R_1 = r' = \infty$, $R_2 = a$. Supposons que le déplacement de la paroi soit symétrique autour de l'axe, que chaque particule reste constamment dans un plan perpendiculaire à l'axe, et que les modifications de courbure du cylindre et des lignes tracées sur lui soient infiniment petites; σ et τ étant les composantes du déplacement d'une particule suivant l'axe Ox et suivant le rayon r, on a

$$\alpha_1 = \frac{\partial \sigma}{\partial x}, \qquad \alpha_2 = \frac{\tau}{a}, \qquad \beta = 0; \qquad N_1 = C \frac{\partial \sigma}{\partial x} + D \frac{\tau}{a},$$

$$N_2 = D \frac{\partial \sigma}{\partial x} + C \frac{\tau}{a}, \qquad T = 0.$$

Quant aux forces extérieures, elles sont censées dirigées dans des plans passant par l'axe, et leur résultante en un point est définie par ses composantes P_x et P_r suivant les lignes coordonnées (x, r). Par substitution dans les équations générales, si l'on néglige les quantités du second ordre de petitesse, on trouve qu'une équation est identiquement satisfaite et que les deux autres deviennent

$$(1) \quad \left\{ \begin{aligned} & C \frac{\partial^2 \sigma}{\partial x^2} + D \frac{1}{a} \frac{\partial \tau}{\partial x} - P_x = \rho \varepsilon \frac{\partial^2 \sigma}{\partial t^2}, \\ & -D \frac{1}{a} \frac{\partial \sigma}{\partial x} - C \frac{1}{a^2} \tau - P_r = \rho \varepsilon \frac{\partial^2 \tau}{\partial t^2}. \end{aligned} \right.$$

Ces préliminaires acquis, considérons un fluide incompressible de densité ρ_1 en mouvement dans un tube cylindrique élastique, symétriquement par rapport à son axe; soient p la pression, (u, v) les composantes de la vitesse suivant les lignes coordonnées (x, r); le liquide étant regardé comme incompressible, un seul coefficient de frottement intérieur μ_1 du liquide figure dans les équations de Navier, et si l'on pose $\frac{\mu_1}{\rho_1} = k^2$, ces équations, transformées en coordonnées cylindriques, jointes à l'équation de continuité, s'écrivent

$$(2) \quad \left\{ \begin{aligned} & \frac{du}{dt} = k^2 \left(\frac{\partial^2 u}{\partial x^2} + \frac{\partial^2 u}{\partial r^2} + \frac{1}{r} \frac{\partial u}{\partial r} \right) - \frac{1}{\rho_1} \frac{\partial p}{\partial x}, \\ & \frac{dv}{dt} = k^2 \left(\frac{\partial^2 v}{\partial x^2} + \frac{\partial^2 v}{\partial r^2} + \frac{1}{r} \frac{\partial v}{\partial r} - \frac{v}{r^2} \right) - \frac{1}{\rho_1} \frac{\partial p}{\partial r}, \\ & \frac{\partial (ru)}{\partial x} + \frac{\partial (rv)}{\partial r} = 0. \end{aligned} \right.$$

Le poids du fluide est négligé vis-à-vis de la pression intérieure; et, si les vitesses sont supposées assez petites, $\dfrac{du}{dt}$ et $\dfrac{dv}{dt}$ pourront être remplacés par $\dfrac{\partial u}{\partial t}$ et $\dfrac{\partial v}{\partial t}$.

D'après la dernière équation (2), il existe une fonction φ de x et de r telle que

$$ru = \frac{\partial \varphi}{\partial r}, \qquad rv = -\frac{\partial \varphi}{\partial x},$$

et si l'on remplace u et v par ces valeurs dans les deux premières équations (2) entre lesquelles on élimine ensuite p, on obtient

$$\Delta\left(\frac{\partial \varphi}{\partial t} - k^2 \Delta\varphi\right) = 0,$$

Δ désignant le symbole opératoire $\dfrac{\partial^2}{\partial x^2} + \dfrac{\partial^2}{\partial r^2} - \dfrac{1}{r}\dfrac{\partial}{\partial r}$. L'intégration complète de cette équation s'obtient, d'après Stokes, en posant $\varphi = \varphi' + \varphi''$, φ' et φ'' vérifiant respectivement les équations

$$\Delta\varphi' = 0, \qquad \frac{\partial \varphi''}{\partial t} = k^2 \Delta\varphi''.$$

Bornons-nous au cas où le mouvement propagé est ondulatoire et supposons que x et t n'entrent dans φ que par le facteur e^{mx+nt}, m et n étant des constantes; si l'on pose $q^2 = m^2 - \dfrac{n}{k^2}$, φ' et φ'' seront donnés par les équations de Bessel d'ordre *zéro*.

$$\frac{d^2}{dr^2}(\varphi', \varphi'') - \frac{1}{r}\frac{d}{dr}(\varphi', \varphi'') + (m^2, q^2)(\varphi', \varphi'') = 0,$$

et l'on prendra dès lors pour ces fonctions, $\dfrac{1}{r}\dfrac{d\varphi'}{dr}$ et $\dfrac{1}{r}\dfrac{d\varphi''}{dr}$ restant finis pour $r = 0$, les expressions

$$(\varphi', \varphi'') = \left(\frac{A}{m}, \frac{B}{q}\right) r\, J_1[(m, q)r]\, e^{mx+nt};$$

A et B sont des constantes arbitraires et J_1 la fonction cylindrique de première espèce d'ordre *un*. On est ainsi conduit à la solution particulière suivante du système (2)

$$u = [A J_0(mr) + B J_0(qr)]\, e^{mx+nt},$$
$$v = -\left[A J_1(mr) + B \frac{m}{q} J_1(qr)\right] e^{mx+nt},$$
$$p = -\frac{\rho_1 n}{m} J_0(mr)\, e^{mx+nt},$$

solution qui définit une onde se propageant suivant l'axe Ox avec la vitesse $-\dfrac{n}{m}$. La superposition d'un nombre quelconque de semblables solutions donnerait encore une solution de la question.

Envisageons le cas d'une onde simple et étudions le mouvement de l'enveloppe. Les composantes σ, τ du déplacement d'une des particules du tube suivant les coordonnées (x, r) seront

$$\sigma = \mathrm{H}\,e^{mx+nt}, \qquad \tau = \mathrm{K}\,e^{mx+nt},$$

H et K étant des constantes extrêmement petites. La longueur d'onde $\dfrac{2\pi}{m}$ est supposée très grande, en sorte que la courbure de l'enveloppe se modifie très peu. Négligeons l'action des forces extérieures et bornons-nous à mettre en compte le frottement et l'élasticité. Nous pourrons appliquer les équations (1) en posant

$$\mathrm{P}_x = -\mu_1\left(\frac{\partial u}{\partial r} + \frac{\partial v}{\partial x}\right), \qquad \mathrm{P}_r = p - 2\mu_1\frac{\partial v}{\partial r},$$

où les seconds membres, estimés pour la surface limite du fluide, sont, en négligeant les infiniment petits d'ordre supérieur, à évaluer pour $r = a$. Exprimons en outre que la vitesse radiale est la même pour un élément de paroi et pour le fluide en contact :
$\dfrac{\partial \tau}{\partial t} = v$, pour $r = a$, au même degré d'approximation, ce qui donne

$$\mathrm{K} = -\frac{1}{nq}\left[\mathrm{A}\,q\,\mathrm{J}_1(ma) + \mathrm{B}\,m\,\mathrm{J}_1(qa)\right].$$

Enfin, à la surface limite du fluide, en vertu de la loi d'égalité de l'action et de la réaction, la force de frottement intérieur est égale à la force de frottement extérieur, celle-ci étant, d'après Kirchhoff, pour les petites vitesses, proportionnelle à la différence géométrique des vitesses des éléments fluide et solide en présence; si f est le coefficient de proportionnalité, on a donc, pour $r = a$,

$$f\left(u - \frac{\partial \sigma}{\partial t}\right) = -\mu_1\left(\frac{\partial u}{\partial r} + \frac{\partial v}{\partial x}\right).$$

Les équations définies du mouvement conduisent ainsi à trois équations linéaires et homogènes en A, B, H, dont la compatibilité entraîne la nullité du déterminant : la condition ainsi obtenue, extrêmement compliquée, pourrait servir à déterminer m quand n est donné, et par suite à définir la vitesse de propagation de l'onde $V_p = -\dfrac{n}{m}$; n et A seront connus d'après le mouvement imprimé ou la variation de pression produite en un point donné du tube.

Pour envisager un cas abordable, supposons qu'on néglige les frottements; pour $f = 0$ et $\mu_1 = 0$, la dernière condition est identiquement vérifiée, mais comme $q = \infty$, il faut revenir aux équations (2) qui se simplifient beaucoup, eu égard à $k = 0$, et reprendre l'intégration. On est ainsi conduit aux expressions précédentes de u, v, p, où l'on doit faire $B = 0$. On déduit alors immédiatement des équations (1) les conditions

$$C m^2 H + \frac{D m}{a} K - \rho\varepsilon n^2 H = 0,$$

$$\frac{D m}{a} H + \frac{C}{a^2} K + \frac{\rho_1 n}{m} A J_0(ma) + \rho\varepsilon n^2 K = 0,$$

avec

$$n K = - A J_1(ma).$$

L'élimination de A, H, K donne

$$\begin{vmatrix} C m^2 - \rho\varepsilon n^2 & \dfrac{D m}{a} \\[2ex] \dfrac{D m}{a} & \dfrac{C}{a_2} + \rho\varepsilon n^2 - \dfrac{\rho_1 n^2}{m}\ \dfrac{J_0(ma)}{J_1(ma)} \end{vmatrix} = 0.$$

D'après les développements de J_0 et J_1, on a

$$\frac{J_0(ma)}{J_1(ma)} = \frac{2}{ma}\left[1 - \frac{m^2 a^2}{8} + \dots \right],$$

et comme m est petit, on pourra réduire la parenthèse à l'unité. Introduisons d'autre part la vitesse de propagation V_p, la vitesse d'Young ω et le coefficient de contraction latérale de Poisson σ_0,

$$V_p = -\frac{n}{m}, \quad \omega = \sqrt{\frac{E\varepsilon}{2 a \rho_1}}, \quad \sigma_0 = \frac{\lambda}{2(\lambda + \mu)}, \quad D = C\sigma_0, \quad C = \frac{E\varepsilon}{1 - \sigma_0^2}.$$

L'équation précédente devient

$$\left(\frac{C}{\rho\varepsilon} - V_p^2 \right) \left(\frac{C}{\rho\varepsilon} + m^2 a^2 V_p^2 - \frac{E}{\rho}\ \frac{V_p^2}{\omega^2} \right) = \frac{C^2 \sigma_0^2}{\rho^2 \varepsilon^2},$$

ou encore, comme $m^2 a^2 V_p^2$ est insignifiant devant les termes voisins, à cause de la petitesse de m et de la grandeur de E,

$$\left(\frac{C}{\rho\epsilon} - V_p^2\right)\left(\frac{C}{\rho\epsilon} - \frac{E}{\rho}\frac{V_p^2}{\omega^2}\right) = \frac{C^2\sigma_0^2}{\rho^2\epsilon^2}.$$

Telle est, à la forme et aux notations près, l'équation donnée par Gromeka ; on peut encore l'écrire

$$V_p^4 - \frac{1}{1-\sigma_0^2}\left(\omega^2 + \frac{E}{\rho}\right)V_p^2 + \frac{E}{\rho}\frac{\omega^2}{1-\sigma_0^2} = 0,$$

ou

$$\sigma_0^2 V_p^4 - (V_p^2 - \omega^2)\left(V_p^2 - \frac{E}{\rho}\right) = 0.$$

Cette équation en V_p^2, indépendante de la longueur d'onde, donne deux racines positives, l'une inférieure à la plus petite, l'autre supérieure à la plus grande des quantités $\frac{E}{\rho}$ et ω^2 ; en fait, pour un tuyau en caoutchouc dans les conditions usuelles, on a $\omega^2 > \frac{E}{\rho}$; c'est la plus grande racine qui tend vers ω^2 quand l'inertie de la paroi est négligeable, ρ se rapprochant de zéro.

Appliquons ce résultat aux conditions des expériences de Weber. Comme $\frac{E}{\rho\omega^2}$ est petit de l'ordre de $\frac{1}{50}$, la plus grande racine se met sous la forme

$$V_p^2 = \frac{\omega^2}{1-\sigma_0^2}\left[1 + \frac{E\,\tau^2}{\rho\,\omega^2}\right].$$

Pour le caoutchouc, σ_0 est voisin de $\frac{1}{2}$ d'après Cantone et E est compris entre 17 000 et 20 000 (C. G. S.) d'après Mœns. En prenant $\omega = 1003$ cm : s, on reconnaît que le second terme de la parenthèse est insignifiant, et l'on trouve

$$V_p = 1,154\,\omega = 1157 \text{ cm : s.}$$

VII. — La théorie de H. Lamb [1] (1898).

Les recherches de Gromeka, inspirées par l'étude du pouls, ont laissé de côté la compressibilité du fluide. Horace Lamb, au

(1) H, LAMB, *On the velocity of sound in a Tube as affected by the elasticity of the walls* (*Memoirs and Proceedings of the Manchester literary and philosophical Society*, t. XLII, 1897-1898, n° 9).

contraire, uniquement préoccupé de la vitesse de propagation du son dans un liquide remplissant un tube, met en compte cet élément. De plus, en outre du cas du tube à paroi mince, il envisage celui d'un tube d'épaisseur infinie (tunnel dans un solide infini).

Dans le cas d'une paroi mince, comme l'analyse de Lamb est très analogue à celle de Gromeka (qu'il ignorait d'ailleurs), nous conserverons les notations du paragraphe précédent.

II. Lamb définit le mouvement de la paroi par les équations (1) du paragraphe VI; il suppose le fluide dénué de frottement, en sorte qu'à la surface on a $P_x = 0$, $P_r = p$; il pose

$$B = \frac{4\mu(\lambda + \mu)}{\lambda + 2\mu} = \frac{E}{1 - \sigma_0^2},$$

en sorte que l'on a $C = B\varepsilon$, $D = B\sigma_0\varepsilon$. Les équations en question prennent alors la forme

$$(1) \quad \begin{cases} \dfrac{\partial^2 \tau}{\partial t^2} = \dfrac{B}{\rho}\left(\dfrac{\partial^2 \sigma}{\partial x^2} + \dfrac{\sigma_0}{a}\dfrac{\partial \tau}{\partial x}\right), \\[2ex] \dfrac{\partial^2 \tau}{\partial t^2} = \dfrac{p}{\varepsilon\rho} - \dfrac{B}{\rho}\left(\dfrac{\sigma_0}{a}\dfrac{\partial \sigma}{\partial x} + \dfrac{\tau}{a^2}\right). \end{cases}$$

Quant au mouvement du fluide, il est défini par les équations d'Euler

$$\frac{du}{dt} = -\frac{1}{\rho_1}\frac{\partial p}{\partial x}, \qquad \frac{dv}{dt} = -\frac{1}{\rho_1}\frac{\partial p}{\partial r},$$

par l'équation de continuité

$$\frac{d \operatorname{Log}\rho_1}{dt} + \frac{\partial u}{\partial x} + \frac{\partial v}{\partial r} + \frac{v}{r} = 0$$

et par la relation supplémentaire ou équation de compressibilité du fluide à température constante (l'eau étant regardée comme parfaitement conductrice de la chaleur),

$$\rho_1 = \rho_1^0\left(1 + \frac{p}{E_1}\right),$$

E_1 étant le coefficient d'élasticité du fluide, ρ_1^0 la densité à la pression extérieure au tube (ou atmosphérique), p l'excès de la pression en un point sur ladite pression.

La quantité $\frac{1}{E_1}$ est très petite pour l'eau, les vitesses u et v sont d'ailleurs supposées très petites; nous pourrons par suite négliger les termes de degré supérieur au premier par rapport à $\frac{1}{E_1}$ et aux vitesses. Si donc on dérive totalement par rapport au temps l'équation de continuité en tenant compte des équations d'Euler, ce qui donne

$$\frac{d^2 \operatorname{Log} \rho_1}{dt^2} = \frac{\partial}{\partial x}\left(\frac{1}{\rho_1}\frac{\partial p}{\partial x}\right) + \frac{\partial}{\partial r}\left(\frac{1}{\rho_1}\frac{\partial p}{\partial r}\right) + \frac{1}{\rho_1 r}\frac{\partial p}{\partial r},$$

et si l'on remplace ρ_1 par sa valeur, on obtient, au degré d'approximation indiqué,

$$(2)\qquad \frac{\partial^2 p}{\partial t^2} = \frac{E_1}{\rho_1^0}\left(\frac{\partial^2 p}{\partial x^2} + \frac{\partial^2 p}{\partial r^2} + \frac{1}{r}\frac{\partial p}{\partial r}\right).$$

Telle est l'équation qui définit la quantité p dont la valeur pour $r = a$ figure dans les équations (1).

Envisageons un mouvement ondulatoire propagé par la célérité V; x et t n'interviendront dans p que par un facteur de la forme $e^{m(x-Vt)}$, et l'équation (2) se réduira à

$$\frac{d^2 p}{dr^2} + \frac{1}{r}\frac{dp}{dr} - \nu^2 p = 0,$$

en posant

$$\nu^2 = m^2\left(-1 + \frac{V^2}{\alpha^2}\right), \qquad \alpha^2 = \frac{E_1}{\rho_1^0}.$$

Une solution qui reste finie pour $r = 0$ est donc

$$p = C J_0(\nu r)\, e^{m(x-Vt)},$$

où

$$J_0(z) = 1 + \sum_{k=1}^{\infty}\frac{(-1)^k}{(k!)^2}\left(\frac{z}{2}\right)^{2k}.$$

La seconde équation d'Euler donne alors à la paroi, où l'accélération normale à l'axe est la même pour le fluide et la paroi, avec l'approximation admise,

$$\rho_1^0 \frac{\partial^2 \tau}{\partial t^2} = -\left(\frac{\partial p}{\partial r}\right)_{r=a},$$

ou, en tenant compte de ce que la nature supposée du mouvement entraîne $\dfrac{\partial^2 \tau}{\partial t^2} = m^2 V^2 \tau$,

$$m^2 V^2 \rho_1^0 \tau = -\, C \nu J_0'(\nu a)\, e^{m(x - Vt)}.$$

Ainsi, à la paroi, on aura

$$(3) \qquad\qquad p = -\, m^2 a \rho_1^0 V^2\, \frac{J_0(\nu a)}{\nu a J_0'(\nu a)}\, \tau.$$

Dès lors, si nous supposons que σ et τ varient comme $e^{m(x - Vt)}$, les équations (1) deviennent

$$\left(V^2 - \frac{B}{\rho}\right) m \sigma - \frac{B \sigma_0}{a \rho}\, \tau = 0,$$

$$\frac{B \sigma_0}{a \rho}\, m \sigma + \left[m^2 V^2 + \frac{m^2 a \rho_1^0 V^2}{\varepsilon \rho}\, \frac{J_0(\nu a)}{\nu a J_0'(\nu a)} + \frac{B}{\rho a^2}\right] \tau = 0$$

et donnent, par élimination de $\dfrac{\sigma}{\tau}$,

$$\left(V^2 - \frac{B}{\rho}\right)\left[a^2 m^2 V^2 + \frac{B}{\rho} + \frac{m^2 a^3 \rho_1^0 V^2}{\varepsilon \rho}\, \frac{J_0(\nu a)}{\nu a J_0'(\nu a)}\right] + \frac{B^2 \sigma^2}{\rho^2} = 0.$$

Si m est donné, cette relation définit la vitesse de propagation V.

Dans le cas de longues ondes, $\dfrac{2\pi}{|m|}$ est grand, $|m|$ et, par suite, $|\nu|$ sont petits; $\dfrac{J_0(z)}{z J_0'(z)}$ peut être remplacé par $-\dfrac{2}{z^2}$; le dernier terme de la seconde parenthèse devient $-\dfrac{2 m^2 a \rho_1^0 V^2}{\varepsilon \rho \nu^2}$; si l'on y substitue à ν^2 sa valeur $m^2\left(1 - \dfrac{V^2}{\alpha^2}\right)$, si l'on y introduit à nouveau la vitesse d'Young $\omega = \sqrt{\dfrac{E \varepsilon}{2 a \rho_1^0}}$ et si l'on se souvient que $E = (1 - \sigma_0^2)\, B$, ledit terme s'écrit $\dfrac{(1 - \sigma_0^2)\alpha^2 V^2}{\omega^2(V^2 - \alpha^2)}\, \dfrac{B}{\rho}$. D'autre part, à cause de la petitesse de $|m|$, le terme $a^2 m^2 V^2$ est négligeable. Il vient donc

$$\left(V^2 - \frac{B}{\rho}\right)\left[1 + \frac{(1 - \sigma_0^2)\alpha^2 V^2}{\omega^2(V^2 - \alpha^2)}\right] + \frac{B \sigma^2}{\rho} = 0.$$

Telle est l'équation de Lamb. On peut lui donner une forme élégante en y introduisant la vitesse de propagation du son à travers la substance du tube

$$\beta = \sqrt{\frac{E}{\rho}} = \sqrt{\frac{(1 - \sigma_0^2)\, B}{\rho}};$$

il vient d'abord

$$\omega^2(V^2 - \alpha^2)(V^2 - \beta^2) + [(1 - \sigma_0^2)V^2 - \beta^2]\alpha^2 V^2 = 0$$

ou

$$\frac{1}{V^4} - \left(\frac{1}{\alpha^2} + \frac{1}{\beta^2} + \frac{1}{\omega^2}\right)\frac{1}{V^2} + \left(\frac{1}{\alpha^2} + \frac{1}{\omega^2}\right)\frac{1}{\beta^2} - \frac{\sigma_0^2}{\omega^2\beta^2} = 0.$$

Ainsi la vitesse de propagation serait définie par

$$\frac{2}{V^2} = \frac{1}{\alpha^2} + \frac{1}{\beta^2} + \frac{1}{\omega^2} \pm \sqrt{\left(\frac{1}{\alpha^2} - \frac{1}{\beta^2} + \frac{1}{\omega^2}\right)^2 + \frac{4\sigma_0^2}{\omega^2\beta^2}}.$$

Il est d'ailleurs aisé de reconnaître que, pour $\alpha = \infty$, la relation de Lamb coïncide avec celle de Gromeka.

Si l'on applique ce résultat au cas d'un tube de verre dont l'épaisseur soit le dixième du rayon et qui soit rempli d'eau, en admettant pour E_1, E, B les nombres

$$E_1 = 2,22 \times 10^{10}, \quad E = 6,03 \times 10^{11}, \quad B = 6,46 \times 10^{11} \quad \text{(unités C.G.S.)},$$

empruntés à Everett (Unités et Constantes physiques), les deux derniers correspondant à un échantillon de flint, on est conduit à des valeurs de V qui peuvent s'écrire

$$V = 1,015\sqrt{\frac{E}{\rho}}, \qquad V = 0,756\sqrt{\frac{E_1}{\rho_1}};$$

« la première donne la vitesse des ondes longitudinales dans la paroi du tube, l'autre la vitesse des ondes dans le liquide ». Mais par comparaison avec les données de la première expérience de Dvořák, portant sur un tube admettant sensiblement le module $m = \frac{1}{20} = 0,05$, on constate que la théorie actuelle ne rend pas mieux compte des faits que celle de Korteweg.

Si l'on préfère utiliser les nombres donnés par M. Amagat, à savoir

$$E = \frac{3(1 - 2\sigma)}{\gamma} \qquad \text{avec} \qquad 10^6\gamma = 2,197, \qquad \sigma = 0,2451,$$

$$E_1 = \frac{1}{\beta} \qquad \text{avec} \qquad 10^6\beta = 46,8 \qquad \text{(à 20°)},$$

E et E_1 étant estimés en kilogrammes par centimètre carré, comme d'ailleurs $\frac{\rho}{\rho_1}$ est sensiblement $2,5$, on obtient

$$\frac{\alpha^2}{\beta^2} = 0,0767 \qquad \text{et} \qquad \frac{\alpha^2}{\omega^2} = \frac{0,0307}{m}.$$

Appliqués à la première expérience de Dvořák, avec $m = 0,046$, ces chiffres conduisent à

$$V = 0,795\,\alpha;$$

mais, puisque $\alpha = \sqrt{\dfrac{E_1}{\rho_1}} = 1450\,m : s$, il vient $V = 1150\,m : s$, alors que l'expérience ne donne que $998\,m : s$, et que les chiffres adoptés par Lamb fournissent $1125\,m : s$.

Envisageons maintenant le cas où la paroi cylindrique est d'épaisseur infinie. On peut présenter simplement les résultats de Lamb en conservant les notations précédentes.

Les équations générales des mouvements d'un solide élastique soustrait à toute force extérieure sont, en coordonnées cylindriques, dans le cas d'un système symétrique autour de l'axe des x [1] :

$$(\lambda + 2\mu)\frac{\partial \Delta}{\partial r} - \mu \frac{\partial}{\partial x} \left(\frac{\partial \sigma}{\partial r} - \frac{\partial \tau}{\partial x} \right) = \rho \frac{\partial^2 \tau}{\partial t^2},$$

$$(\lambda + 2\mu)\frac{\partial \Delta}{\partial x} + \frac{\mu}{r} \frac{\partial}{\partial r}\left[r\left(\frac{\partial \sigma}{\partial r} - \frac{\partial \tau}{\partial x} \right) \right] = \rho \frac{\partial^2 \sigma}{\partial t^2},$$

σ et τ étant les composantes du déplacement d'une particule suivant l'axe Ox et suivant le rayon r, Δ désignant la dilatation cubique,

$$\Delta = \frac{1}{r} \frac{\partial}{\partial r}(r\tau) + \frac{\partial \sigma}{\partial x}.$$

Si nous ne considérons qu'un mouvement ondulatoire propagé suivant Ox avec la célérité V, x et t n'intervenant que par un facteur de la forme $e^{m(x - Vt)}$, on peut écrire simplement

$$(4) \quad \begin{cases} (\lambda + 2\mu)\dfrac{\partial \Delta}{\partial r} - m\mu\left(\dfrac{\partial \sigma}{\partial r} - m\tau \right) = \rho\, m^2 V^2 \tau, \\[2mm] m(\lambda + 2\mu)\Delta + \dfrac{\mu}{r} \dfrac{\partial}{\partial r}\left[r\left(\dfrac{\partial \sigma}{\partial r} - m\tau \right) \right] = \rho\, m^2 V^2 \sigma, \\[2mm] \Delta = \dfrac{1}{r} \dfrac{\partial}{\partial r}(r\tau) + m\sigma. \end{cases}$$

On déduit immédiatement de là, en combinant la première

---

[1] *Voir*, par exemple, H. Résal, *Traité de Physique mathématique*, t. I, p. 166-168.

équation dérivée en r avec la seconde,

$$(5) \qquad \frac{\partial^2 \Delta}{\partial r^2} + \frac{1}{r} \frac{\partial \Delta}{\partial r} + m^2 \left(1 - \frac{\rho V^2}{\lambda + 2\mu} \right) \Delta = 0.$$

Soit alors f une fonction telle que

$$\frac{\mu}{\rho m^2 V^2} \left(\frac{\partial \sigma}{\partial r} - m\tau \right) = \frac{\partial f}{\partial r};$$

l'élimination de τ entre cette relation et la première équation (4) donne

$$(\lambda + 2\mu) \frac{\partial \Delta}{\partial r} - \rho m^3 V^2 \frac{\partial f}{\partial r} = \rho m V^2 \left(\frac{\partial \sigma}{\partial r} - \frac{\rho m^2 V^2}{\mu} \frac{\partial f}{\partial r} \right),$$

ou, par intégration, f n'étant déterminée qu'à une constante près choisie de manière que f s'annule en même temps que la déformation,

$$(\lambda + 2\mu)\Delta - \rho m^3 V^2 f = \rho m V^2 \left(\sigma - \frac{\rho m^2 V^2}{\mu} f \right).$$

Mais comme la seconde équation (4) s'écrit

$$(\lambda + 2\mu)\Delta - \rho m V^2 \left(\frac{\partial^2 f}{\partial r^2} + \frac{1}{r} \frac{\partial f}{\partial r} \right) = \rho m V^2 \sigma,$$

on reconnaît, par différence, que la fonction f satisfait à l'équation

$$(6) \qquad \frac{\partial^2 f}{\partial r^2} + \frac{1}{r} \frac{\partial f}{\partial r} - m^2 \left(1 - \frac{\rho V^2}{\mu} \right) f = 0.$$

Ainsi, Δ et f étant déterminés par les équations (5) et (6), on a

$$(7) \qquad \begin{cases} \tau = \dfrac{\lambda + 2\mu}{\rho m^2 V^2} \dfrac{\partial \Delta}{\partial r} - m \dfrac{\partial f}{\partial r}, \\[2mm] \sigma = \dfrac{\lambda + 2\mu}{\rho m V^2} \Delta - m^2 \left(1 - \dfrac{\rho V^2}{\lambda + 2\mu} \right) f. \end{cases}$$

Les équations (5) et (6) admettent, pour solutions restant finies pour $r = \infty$, des fonctions que nous écrirons sous la forme

$$(8) \qquad \Delta = A \frac{K_0(\eta r)}{\eta K_0'(\eta a)}, \qquad f = B \frac{K_0(\zeta r)}{\zeta K_0'(\zeta a)};$$

$K_0(z)$ est la fonction de Bessel définie par

$$K_0(z) = \int_0^\infty \cos(z\,\operatorname{sh} u)\,du = \sqrt{\frac{\pi}{2z}}\,c^{-z}\left[1 - \frac{1}{8z} - \frac{1}{2!}\frac{3^2}{(8z)^2} - \cdots\right];$$

on a posé

$$(9) \qquad \eta^2 = m^2\left(\frac{2\,V^2}{\lambda + 2\mu} - 1\right), \qquad \zeta^2 = m^2\left(\frac{2\,V^2}{\mu} - 1\right),$$

et A et B désignent deux constantes arbitraires dont nous allons disposer pour satisfaire aux conditions à la paroi.

La pression à l'intérieur du fluide, régie par l'équation (2), prend à la surface interne du tube, pour $r = a$, la valeur (3), qui, pour des ondes suffisamment longues, se réduit à

$$p = -\frac{2\,m^2\,V^2\,\rho_1^0}{v^2 a}\,\tau;$$

en posant

$$v^2 = m^2\left(-1 + \frac{V^2}{\alpha^2}\right), \qquad \alpha^2 = \frac{E_1}{\rho_1^0};$$

elle est égale et opposée à la tension normale à la paroi, qui a pour expression (¹)

$$P_{rr} = -\left(\lambda\Delta + 2\mu\frac{\partial\tau}{\partial r}\right);$$

de plus, nous avons à exprimer que, sur un élément de paroi, la tension est normale, ou, ce qui revient au même, que le glissement suivant les (x, r) est nul; d'où la condition

$$\frac{\partial\sigma}{\partial r} - \frac{\partial\tau}{\partial x} = 0.$$

Dans cette relation, comme dans la précédente,

$$\lambda\Delta + 2\mu\frac{\partial\tau}{\partial r} = \frac{2\,m^2\,V^2\,\rho_1^0}{v^2 a}\,\tau,$$

remplaçons σ et τ, en fonction de Δ et de f, par leurs expressions (8) en tenant compte de (5) et de (6); nous obtiendrons

---

(¹) H. RÉSAL, *loc. cit.*

comme conditions à vérifier pour $r = a$:

$$(\lambda - 2\mu)\left[\Delta\left(1 - \frac{2\mu}{\rho V^2}\right) - \frac{2}{\rho}\frac{\partial\Delta}{\partial r}\left(\frac{\mu}{m^2 V^2 r} + \frac{\rho_1^0}{v^2 a}\right)\right]$$
$$= 2\mu m^3 f\left(\frac{\rho V^2}{\mu} - 1\right) - 2m\frac{\partial f}{\partial r}\left(\frac{\mu}{r} + \frac{m^2 V^2 \rho_1^0}{v^2 a}\right),$$
$$2\frac{\lambda + 2\mu}{\rho m V^2}\frac{\partial\Delta}{\partial r} = m^2\left(2 - \frac{\rho V^2}{\mu}\right)\frac{\partial f}{\partial r};$$

substituons-y les expressions (8) de Δ et de f, faisons-y $r = a$, et entre les équations obtenues éliminons le rapport $A : B$. Il vient, après quelques simplifications évidentes,

$$\left(\frac{\rho V^2}{\mu} - 2\right)\left[\left(\frac{\rho V^2}{\mu} - 2\right)\frac{m^2 a^2 K_0(\eta a)}{\eta a K_0'(\eta a)} + 2\left(1 + \frac{\rho_1^0 m^2 V^2}{\mu v^2}\right)\right]$$
$$= 4\left(1 - \frac{\rho V^2}{\mu}\right)\frac{m^2 a^2 K_0(\zeta a)}{\zeta a K_0'(\zeta a)} + 4\left(1 + \frac{\rho_1^0 m^2 V^2}{\mu v^2}\right).$$

Cette équation, qui détermine la célérité V, peut se simplifier par approximation, en tenant compte de ce que ma est supposé très petit. En effet, $|\zeta a|$ et $|\eta a|$ sont moindres que $|ma|$: de plus, l'étude de la fonction $K_0(z)$ qui satisfait à l'équation

$$\frac{d^2 K}{dz^2} + \frac{1}{z}\frac{dK}{dz} - K = 0,$$

et qui reste finie pour z infini, permet d'établir que, pour z très petit, $\frac{K_0(z)}{z K'(z)}$ est de l'ordre de Log z. Dès lors, les termes de cette forme dans notre équation sont de l'ordre de z^2 Log z, et peuvent être négligés vis-à-vis des autres termes. Ainsi, *pour des ondes suffisamment longues*, il vient

$$\rho_1^0 m^2 V^2 + \mu v^2 = 0,$$

ou, en remplaçant v^2 par $m^2\left(\frac{V^2}{\alpha^2} - 1\right)$ et ρ_1^0 par $\frac{E_1}{\alpha^2}$,

$$\mu(V^2 - \alpha^2) - E_1 V^2 = 0,$$

ce qui donne enfin

$$V = \alpha\sqrt{\frac{\mu}{E_1 + \mu}}.$$

Pour le verre, $\mu = \frac{E}{2(1 + \sigma)}$ vaut à peu près $0,4$ E, soit, en gros, 10 fois la valeur de E_1 pour l'eau. Dans ces conditions, la célérité V serait environ les $0,95$ de la vitesse α du son dans l'eau.

VIII. — Les recherches modernes des physiologistes.

La question de la circulation du sang n'a pas cessé d'intéresser les physiologistes, et un Tableau d'ensemble, remarquablement net, des résultats acquis a été présenté il y a quelques années par J.-L. Hoorweg [1]. Nous ne mentionnerons ici que quelques indications expérimentales et une idée théorique.

L. Landois [2] a donné, pour déterminer la vitesse de propagation d'une intumescence dans un tuyau de caoutchouc, le dispositif très simple suivant :

Un grand diapason, placé horizontalement, porte, fixée sur une de ses branches, une plaque de verre enfumée, à laquelle un contrepoids, sur l'autre branche, fait équilibre. Sur la plaque s'appuie le style du levier d'un cardiographe. La plaque participe aux vibrations du diapason, et lorsqu'on la déplace devant le style, la courbe qui serait tracée avec un diapason au repos se trouve dentelée, l'intervalle entre deux dents correspondant à la durée d'une vibration préalablement mesurée à l'aide d'un métronome.

Cela étant, un tuyau en caoutchouc d'environ 9^m porte à son origine une ampoule de même substance en forme de fuseau, laquelle est réunie par un court tuyau à un manomètre à mercure (un robinet sépare l'ampoule du manomètre et peut être fermé avant de donner l'impulsion dont il vient d'être question). On mesure la distance entre deux points a et b du tuyau, soit 8^m; on dispose ces deux points sous le bouton d'un cardiographe. D'une main, on comprime l'ampoule, lançant dans le tuyau préalablement rempli d'eau une intumescence positive, et de la main libre, on déplace le support du diapason, guidé par une règle fixée à la table, dans le sens du levier du cardiographe. L'intumescence, passant en a, soulève le bouton jusqu'à une amplitude maxima et continue à cheminer dans le tuyau jusqu'à ce qu'elle

---

[1] J.-L. HOORWEG, *Recherches sur la circulation du sang* (*Archives Teyler*, II, t. X, 4ᵉ Partie, 1906).

[2] L. LANDOIS, *Lehrbuch der Physiologie des Menschen*, Wien und Leipzig, 5ᵉ Aufl., 1887.

vienne à nouveau soulever le bouton à son passage en b. La plaque enregistre les soulèvements du style et les vibrations du diapason : l'intervalle entre les deux maximum de déviation, ainsi chronométré, donne le temps nécessaire pour que l'intumescence se propage de a à b.

Dans une expérience de Landois (pour une impulsion correspondant à 75^{mm} de mercure, mais l'auteur affirme n'avoir trouvé aucune différence de vitesse en faisant varier l'intensité de l'impulsion), la dentelure correspondant à $0,01613$ seconde (?), on comptait 42 dentules, ce qui correspond à une vitesse de

$$\frac{8}{42 \times 0,01613} = 11,808 \text{ m : s.}$$

Le module du tuyau ni le coefficient d'élasticité ne sont donnés. Il ne semble pas d'ailleurs que les sinuosités à grande courbure du tuyau ait eu aucune influence sur la vitesse de propagation.

On doit aussi à L. Landois ([1]) un *sphygmoscope à gaz :* sur la paroi dont on veut étudier les déplacements on dépose une petite gouttière renversée, partie centrale évidée d'un tuyau que traverse un courant de gaz d'éclairage alimentant, à l'extrémité, une flamme de quelques millimètres. Les déplacements de la paroi se traduisent par des perturbations du courant et par des oscillations de la flamme qui d'ailleurs était photographiée. J. von Kries ([2]) a donné une Note étendue sur l'application de cette méthode : il utilise les capsules manométriques de Kœnig, et il chronographie les images obtenues dites *tachogrammes*, en photographiant simultanément et par superposition la flamme d'une capsule mise en mouvement régulier par un diapason.

Tout différent est le procédé de chronographie proposé par H. Grashey ([3]) : il est fondé sur un principe maintes fois appliqué depuis lors dans l'industrie et dont nous ferons nous-même usage ultérieurement. Relions la spirale secondaire d'une bobine de Ruhmkorff avec un sphygmographe de telle manière que les étin-

---

([1]) L. LANDOIS, *Centralblatt für die Mediz. Wissenschaften*, 1870, n° 28.

([2]) J. VON KRIES, *Studien zur Pulslehre*, Freiburg i. B., 1892, p. 143; § X : *Methodisches über die Flammentachographie.*

([3]) H. GRASHEY, *Zeiteitheilung der sphygmographischen Curven mittelst Funkeninductor (Archiv für pathologische Anatomie und Physiologie und für Klinische Medicin*, herausg. von R. Virchow, 1875, p. 530-537).

celles jaillissent entre la pointe métallique du style (isolée du reste du sphygmographe) et le métal du cylindre tournant enregistreur garni de papier noirci : ces étincelles percent ce papier en laissant une trace très nette de leur point de passage. Interrompons d'autre part le courant primaire de l'inducteur au moyen d'un diapason : nous aurons par seconde autant d'étincelles sur l'enregistreur que de vibrations exécutées par le diapason.

Le procédé appelle de suite un perfectionnement, car les séries denses d'étincelles correspondant aux lents déplacements du style produisent des perforations formant des lignes quasi continues, et, par suite, impossibles à dénombrer. On emploie alors un dispositif supprimant deux étincelles après chaque groupe de trois étincelles, par exemple ; un groupe donnant un trou correspond à trois vibrations et un intervalle non perforé à deux vibrations. Pour les déplacement rapides d'ailleurs, les traces des étincelles du groupe se séparent. L'œil apprécie exactement les trous correspondant à trois étincelles, à deux et à une ; on estime à vue la position des piqûres supprimées lorsque la vitesse de déplacement s'accélère assez pour fractionner le groupe.

L'avantage essentiel de la méthode est de permettre de chronographier d'une manière identique des courbes tracées par des enregistreurs différents.

H. Grashey n'a pas tiré grand parti de son procédé au point de vue de la détermination de la célérité des intumescences. Mais on lui doit, d'autre part (¹), une longue étude qualitative sur la production des intumescences (par addition d'eau, par refoulement à la pompe, par écrasement, par ouverture de robinet, par ligature) ; la forme, la réflexion, les interférences de ces ondes, leur répartition dans des conduites branchées donnent lieu à l'enregistrement de 230 tracés, intéressants pour les physiologistes qui trouvent dans ce travail *l'application la plus suivie de la méthode de Marey;* malheureusement les expériences ne sont ni assez simples, ni suffisamment définies pour que nous en puissions rien tirer.

En outre de ces procédés ingénieux d'expérimentation, on

(¹) H. Grashey, *Die Wellenbewegung elastischer Röhren und der Arterienpuls des Menschen sphygmographisch untersucht*, Leipzig, 1881.

trouve chez des physiologistes tels que J.-L. Hoorweg ([1]) et que
J. von Kries ([2]) une préoccupation théorique ; à savoir de justifier
l'amortissement des intumescences par suite du frottement sur la
paroi et du frottement intérieur du fluide, plus grands pour le
sang que pour l'eau (le coefficient μ du dernier frottement, qui
pour l'eau vaut 0,014, d'après Helmholtz, vaudrait pour le
sang 0,037, d'après Ewald). Les essais de mise en compte de ces
éléments sont restés infructueux. D'un côté, tandis que Hoorweg,
s'inspirant de Korteweg, part bien de l'équation de Navier,

$$\rho \frac{\partial u}{\partial t} = - \frac{\partial p}{\partial x} + \mu \frac{\partial^2 u}{\partial t^2},$$

J. von Kries part arbitrairement de l'équation

$$\rho \frac{\partial u}{\partial t} = - \frac{\partial p}{\partial x} - r_\prime u,$$

$r_\prime$ étant un coefficient de résistance dont la détermination n'est pas
donnée. D'un autre côté, il ne s'agit pas ici de petits mouvements
oscillatoires périodiques, mais bien d'intumescences de Weber.
Le problème, mieux posé, sera traité par nous ultérieurement
(§ XII).

IX. — Le coup de bélier dans les conduites hydrauliques d'après N. Joukowski (1898) et ses successeurs (Allievi, Magnus de Sparre, Neeser).

Lorsqu'une colonne liquide en mouvement dans une conduite
subit un arrêt plus ou moins brusque par suite de la fermeture du
robinet d'écoulement, le fluide, devant l'obstacle, se comprime,
puis se détend et transforme son énergie cinétique en une surpression exercée sur les parois et appelée *coup de bélier*. Cet accroissement de pression, ayant lieu dans un temps très court, prend le
caractère d'un *choc* qui peut aller jusqu'à la rupture des tuyaux,
comme cela s'est vu souvent. Ce nom de « coup de bélier » a été

([1]) J.-L. Hoorweg, *Experimenteel onderzoek omtrent de Beweging van het Bloed* (*Koninkl. Akad. van Wetenschappen te Amsterdam*, 1888, Deel XXVIII, A. 1, § 8, p. 14 et suiv.).
([2]) J. von Kries, *loc. cit.*, Note I, p. 127.

donné au phénomène par analogie avec le choc qui se produit dans le moteur dit *bélier hydraulique*.

La détermination de la surpression presque subite perçue par les parois a depuis longtemps préoccupé les ingénieurs dont les essais de calcul furent au début empiriques ou semi-empiriques et dont les premières expériences furent mal conditionnées (elles portèrent sur des longueurs trop faibles de conduites). Il convient pourtant de citer les noms de Haecker (1870), de Castigliano (1874), de Michaud (1878), de Church (1890), de Forchheimer (1893), de Stodola (1893-1894) et de Frizel (1898) ([1]).

Ces recherches furent tout à fait dépassées par le travail à la fois théorique et expérimental de N. Joukowsky ([2]), professeur à l'Université et à l'Institut technique de Moscou, entrepris à l'occasion du projet de distribution d'eau de cette ville, en 1897-1898, avec le concours des ingénieurs du service de la distribution d'eau et notamment de M. O. Simin.

Joukowski admet, comme Korteweg, l'hypothèse des tranches fluides et l'indépendance des anneaux élémentaires du tube. Si nous conservons les notations du paragraphe V, ses équations sont l'équation d'Euler

$$(1) \qquad \rho_1 \frac{du}{dt} = - \frac{\partial p}{\partial x},$$

et l'équation de continuité qui s'écrit, comme on sait, pour un tuyau de section variable s,

$$(2) \qquad \frac{\partial}{\partial t}(\rho_1 s) + \frac{\partial}{\partial x}(\rho_1 s u) = 0 \qquad \text{ou} \qquad \frac{\partial u}{\partial x} + \frac{d}{dt} \operatorname{Log} \rho_1 s = 0.$$

ρ est donné par la relation empirique

$$\rho_1 = \rho_1^0 \left(1 + \frac{p - p_0}{E_1} \right),$$

([1]) *Voir*, pour les indications bibliographiques concernant ces travaux d'approche, l'*Encyclopédie des Sciences mathématiques*, édit. française : IV, 23, *Hydraulique*, par Ph. FORCHHEIMER et A. BOULANGER, § 13.

([2]) N. JOUKOWSKY, *Ueber den hydraulischen Stoss in Wasserleitungsröhren* (*Mémoires de l'Académie impériale des Sciences de Saint-Pétersbourg*, 8e série, Vol. IX, n° 5, 13 mai 1898, p. 1-71). Analyse en anglais par O. SIMIN (*Proceedings of the American Waterworks Association*, 24e Congrès, Saint-Louis, 1904).

ρ_1^0 étant la densité à la pression atmosphérique p_0 et E_1 le coefficient d'élasticité cubique de l'eau. De plus, si le passage de la pression de la valeur p_0 à la valeur p entraîne pour le rayon initial R_0 l'accroissement $R - R_0$, l'équilibre d'un anneau élémentaire de la paroi d'épaisseur e fournit l'équation

$$(p - p_0)\,R = E e\,\frac{R - R_0}{R_0},$$

dans laquelle on peut approximativement remplacer au premier membre R par R_0. Ces deux relations donnent

$$\rho_1 s = \pi R_0^2 \rho_1^0 \left(1 + \frac{p - p_0}{E_1}\right)\left(1 + \frac{p - p_0}{E}\,\frac{R_0}{e}\right)^2,$$

ou encore, en ne conservant que la partie principale du second membre, eu égard aux grandes valeurs de E et de E_1,

$$\rho_1 s = \pi R_0^2 \rho_1^0 \left[1 - \left(\frac{1}{E_1} + \frac{2 R_0}{E e}\right)(p - p_0)\right].$$

Si donc nous posons

$$\frac{1}{\omega^2} = \frac{\rho_1^0}{E_1} + \frac{2 R_0 \rho_1^0}{E e},$$

nous aurons, en ne gardant que le terme principal du développement du logarithme,

$$\frac{d}{dt}\operatorname{Log}\rho_1 s = \frac{d}{dt}\operatorname{Log}\left(1 + \frac{p - p_0}{\rho_1^0 \omega^2}\right) = \frac{1}{\rho_1^0 \omega^2}\,\frac{dp}{dt}.$$

Ainsi les équations (1) et (2) deviennent, ρ_1 différant extrêmement peu de ρ_1^0,

$$\rho_1^0 \frac{du}{dt} + \frac{\partial p}{\partial x} = 0, \qquad \omega^2 \rho_1^0 \frac{\partial u}{\partial x} + \frac{dp}{dt} = 0.$$

De ces équations, où le symbole $\dfrac{d}{dt}$ représente l'opération $\dfrac{\partial}{\partial t} + u\,\dfrac{\partial}{\partial x}$, on déduit immédiatement

$$d(p \mp \rho_1^0 \omega u) = \frac{\partial}{\partial x}(p \mp \rho_1^0 \omega u)\,[dx \pm (\omega \mp u)\,dt],$$

les signes se correspondant. Ainsi la fonction $p - \rho_1^0 \omega u$ se transporte le long de l'axe de la conduite dans le sens positif avec la célérité $\omega - u$ et la fonction $p + \rho_1^0 \omega u$ se transporte dans le sens contraire avec la célérité $\omega + u$. Ces deux célérités varient avec u, mais l'auteur observe que, dans la pratique courante, $\frac{\omega}{u}$ n'est que quelques millièmes : on peut dès lors très sensiblement substituer la constante ω à $\omega - u$ et $\omega + u$. Il vient donc, en appelant u_0 la vitesse d'écoulement à l'état de régime lorsque la pression tont le long de l'axe est p_0 et en posant $p = \rho_1^0 g y$ (ce qui traduit la pression en hauteur de charge),

$$
(3) \quad
\begin{cases}
y - y_0 = \quad \mathrm{F}\left(t - \dfrac{x}{\omega}\right) - \mathrm{F}_1\left(t + \dfrac{x}{\omega}\right), \\[2mm]
u_0 - u = \dfrac{g}{\omega}\left[\mathrm{F}\left(t - \dfrac{x}{\omega}\right) + \mathrm{F}_1\left(t + \dfrac{x}{\omega}\right) \right].
\end{cases}
$$

On a, en écrivant cette dernière formule, changé le signe du premier membre, parce que l'on convient maintenant de placer l'origine des x vers l'extrémité du tuyau, de compter les x positivement vers le réservoir et de compter cependant les vitesses positivement dans le sens de l'écoulement. Les fonctions arbitraires F et F_1 de l'intégrale générale restent à déterminer par les conditions initiales de l'écoulement et par les conditions aux limites.

La célérité ω n'est autre que celle de Korteweg; nous donnons ci-dessous sa valeur numérique pour les quatre conduites en fonte sur lesquelles a expérimenté Jonkowsky, en y joignant les éléments caractéristiques de ces conduites (le pouce russe vaut $2^{cm},54$ et le pied $= 12$ pouces vaut $30^{cm},48$).

Numéros.	Diamètre $2R_0$.		Épaisseur e.	Longueur.		Célérité ω.	Produit $\rho_1^0 \omega$.
	pouces	cm	pouce	pieds	m	pied : sec	atm.$\times \frac{\text{sec}}{\text{pied}}$
1.....	2	= 0,0508	$\frac{10}{32}$	2494	= 760,15	4424	4,066
2.....	4	= 0,1016	$\frac{11}{32}$	1050	= 320,15	4228	3,886
3.....	6	= 0,1524	$\frac{13}{32}$	1066	= 324,91	4116	3,783
4.....	24	= 0,6096	$\frac{22}{32}$	7007	= 2135,66	2996	2,754

Joukowsky complète la théorie précédente par deux observations.

D'une part, il justifie l'indépendance supposée des anneaux élémentaires du tube en notant que dans la pratique les conduites sont du moins formées par la juxtaposition de nombreux segments élastiques de longueur finie.

D'autre part, il montre par un exemple numérique que les forces d'inertie négligées des éléments du tuyau en mouvement n'introduiraient dans le calcul qu'un terme négligeable. En effet, leur mise en compte donnerait, pour l'équation d'équilibre dynamique d'un demi-anneau,

$$p - p_0 = \frac{E\,e}{R_0^2}(R - R_0) + \rho\,e\,\frac{\partial^2 R}{\partial t^2},$$

ρ étant la densité de la fonte. Pour une fermeture durant $0,02$ seconde (comme à peu près dans les expériences en question), on a, comme limite supérieure de $\dfrac{\partial^2 R}{\partial t^2} : \dfrac{2\,(R - R_0)}{(0,02)^2} = 5000\,(R - R_0)$, et, par suite, le rapport du second terme au premier n'excède pas $\dfrac{5000\,\rho\,R_0^2}{E}$, soit, pour la conduite n° 1, $0,00000028$, quantité tout à fait insignifiante devant l'unité.

Joukowsky détermine encore le plus grand accroissement P de la pression, durant le coup de bélier, en exprimant que, pour une longueur l de conduite, l'énergie cinétique $\frac{1}{2}\rho_1^0\pi R_0^2\,l u_0^2$ a été transformée en travail pour dilater les parois du tuyau et comprimer l'eau; les deux parties de ce travail seraient

$$2\pi R_0\,l\int_{R_0}^{R}(p - p_0)\,dR \qquad \text{et} \qquad \pi R_0^2\,l\int_{\rho_1^0}^{\rho_1}(p - p_0)\frac{d\rho_1}{\rho_1^0},$$

les variations du rayon et de la densité étant liées à celle de la pression par les relations

$$p - p_0 = E_1\frac{\rho_1 - \rho_1^0}{\rho_1} = \frac{E\,e}{R_0^2}(R - R_0),$$

ce qui donne

$$\frac{1}{2}\rho_1^0\pi R_0^2\,l u_0^2 = 2\pi R_0\,l\int_{p_0}^{p_0+P}\frac{R_0^2}{E\,e}(p - p_0)\,dp + \pi R_0^2\,l\int_{p_0}^{p_0+P}\frac{1}{E_1}(p - p_0)\,dp$$

$$= \frac{1}{2}\pi R_0^2\,l\left(\frac{2R_0}{E\,e} + \frac{1}{E_1}\right)P^2,$$

ou enfin

$$P = \rho_1^0\,\omega\,u_0.$$

Ainsi les produits $\rho_1^0 \omega$ de la dernière colonne du Tableau précédent seraient les accroissements maxima de pression par unité de vitesse amortie. L'auteur retrouve le même résultat par l'application du théorème des quantités de mouvement.

Enfin Joukowsky étudie la forme théorique du diagramme représentatif du coup de bélier aux divers points du tuyau [courbe (t, y) pour une valeur donnée de x], en partant de la loi de variation, supposée connue, de la vitesse à l'extrémité du tuyau, d'après le procédé de fermeture. Nous obtiendrons plus loin des résultats équivalents par une méthode analytique plus commode.

Les conduites expérimentées étaient posées sur le sol de l'usine élévatoire d'Aleksjen; les trois premières partaient de la conduite magistrale n° 4, et chacune des quatre se terminait à un puits par une vanne à coulisse dont la brusque fermeture était produite par la chute d'un poids.

Les instruments de mesure comprenaient : 1° onze manomètres Bourdon distribués le long des conduites et donnant l'intensité de la surpression produite par le coup de bélier; 2° trois indicateurs de pression Crosby, dont les diagrammes étaient chronographiés électriquement à la demi-seconde; 3° un chronographe de Marey disposé dans le bâtiment des pompes et relié électriquement avec deux manomètres spéciaux, servant à déterminer directement la célérité de l'onde pression (ce dispositif donnait des lectures à $\frac{1}{100}$ de seconde); 4° des tubes de Pitot. L'agencement général des instruments était emprunté aux indications données par le professeur Carpenter ([1]) pour des expériences exécutées par des étudiants du Sibley College sur des conduites de 50^m et de 125^m.

Deux méthodes furent employées pour mesurer la célérité de l'onde pression.

Dans la première, en deux points d'une conduite distants de 700 pieds et de 1246 pieds, on disposait les manomètres (3^a) dont l'index, mû par la surpression d'un coup de bélier, actionnait un signal devant le chronographe de Marey. Les résultats furent les

---

([1]) R.-C. CARPENTER, *Some experiments on the effect of waterhammer* (*The Engeneering Record*, Vol. XXX, 1894, et aussi, *American Soc, Mechan. Eng. Trans.*, Vol. XV, 1894, p. 510).

suivants, u_0 étant la vitesse de l'eau en pieds par seconde, et τ le temps en secondes du parcours des 700 pieds pour la conduite de 4 pouces et des 1246 pieds pour la conduite de 2 pouces.

Tuyau n° 1.

$$u_0 = 3,07 \quad 1,80 \quad 1,80 \quad 0,80 \quad 1,54$$
$$\tau = 0,306 \quad 0,302 \quad 0,297 \quad 0,297 \quad 0,300$$

Tuyau n° 2.

$$u_0 = 10,8 \quad 4,6 \quad 3,1 \quad 3,5 \quad 4,0 \quad 3,9 \quad 4,1 \quad 7,1 \quad 9,1$$
$$\tau = 0,170 \quad 0,160 \quad 0,140 \quad 0,180 \quad 0,140 \quad 0,160 \quad 0,165 \quad 0,190 \quad 0,180$$

	Moy. r.	ω.
pour le tuyau n° 1..........	0,300	4153 pieds : sec.
» n° 2..........	0,165	4242 »

Dans la seconde méthode, on utilisait le procédé de réflexion de Weber, et l'on considérait le temps écoulé depuis le début du relèvement de la pression en un point jusqu'au début de la diminution ultérieure de la pression en ce point comme égal au double du temps nécessaire à l'onde-pression pour parcourir le tronçon compris entre le point considéré et le réservoir d'alimentation ou la magistrale (encore que la réflexion ne s'y fasse pas avec la régularité presque obtenue dans les expériences de Weber). Voici les résultats obtenus à l'aide des diagrammes des indicateurs Crosby :

Numéro du tuyau.	Durée.	Longueur parcourue.	Célérité ω.
	s	pieds	pied : sec
1...............	1,14	4988	4373
1...............	0,76	3280	4316
1...............	0,39	1644	4215
2...............	0,50	2100	4200
3...............	0,515	2132	4100
4...............	4,23	14014	3313
4...............	0,18	420	2333

Les indicateurs Crosby faisaient aussi connaître la pression maxima. Voici les résultats pour diverses vitesses :

Tuyau n° 2.

$$u_0 = 0,5 \quad 1,1 \quad 1,9 \quad 2,9 \quad 3,3 \quad 4,1 \quad 9,2$$
$$P = 2^{atm},25 \quad 4,35 \quad 7,8 \quad 11,3 \quad 13,3 \quad 15,85 \quad 35,45$$

Tuyau n° 3.

$$u_0 = 0,6 \qquad 1,4 \qquad 1,9 \qquad 3 \qquad 4 \qquad 5,6 \qquad 7,5$$
$$P = 3^{atm} \qquad 6,1 \qquad 7,2 \qquad 12,1 \qquad 15,4 \qquad 25,2 \qquad 29$$

Les onze manomètres qu'on répartissait régulièrement le long d'une conduite (à intervalle de 140 pieds pour le n° 1 et de 70 pieds pour le n° 2) permettaient de déterminer la plus grande pression aux divers points du tuyau. A part une irrégularité notable qui se conçoit à proximité de la conduite magistrale, le maximum n'est pas partout le même et ses variations sont assez irrégulières. On en jugera par les chiffres suivants (pression en atmosphères, desquelles il y a à déduire la pression dans la magistrale, $4^{atm},5$) :

Tuyau n° 1.

$$u_0 = 3,3 \quad p_m = 20 \quad 18 \quad 18 \quad 20 \quad 25 \quad 23 \quad 28 \quad 30 \quad 22 \quad 24$$
$$u_0 = 4,4 \quad p_m = 27 \quad 23 \quad 25 \quad 24 \quad 30 \quad 30 \quad 33 \quad 32 \quad 30 \quad 28$$

Tuyau n° 2.

$$u_0 = 4 \quad p_m = 25 \quad 23 \quad 23 \quad 23 \quad 23 \quad 27 \quad 21 \quad 23 \quad 23 \quad 22$$
$$u_0 = 7 \quad p_m = 40 \quad 37 \quad 48 \quad 37 \quad 36 \quad 48 \quad 38 \quad 38 \quad 45 \quad 38$$

Si l'on compare les résultats de la théorie à ceux de l'expérience, on reconnaît que, dans l'ensemble, il y a une concordance satisfaisante, notamment pour les célérités.

Ajoutons enfin que Joukowsky s'est occupé de l'atténuation du coup de bélier par l'intercalation d'une chambre à air sur la conduite, en avant et à proximité de la vanne interruptrice. Mais c'est là une question qui sort de notre sujet, et pour la même raison nous ne disons rien des essais de M. Rateau (¹), dont le point de départ consiste à admettre que l'influence de l'élasticité des parois et de la compressibilité de l'eau est remplacée par un supplément attribué au réservoir d'air.

La théorie précédente a été exposée sous une forme très analogue, mais avec quelques développements analytiques d'appli-

---

(¹) A. RATEAU, *Théorie des coups de bélier et régularisation des turbines précédées d'une longue conduite* (*Revue de Mécanique*, t. VI, 1900, 1ᵉʳ sem., p. 539-561).

cation, par L. Allievi [1] : le travail de cet ingénieur, plusieurs fois reproduit, vulgarisé par diverses conférences, a vivement attiré l'attention, d'autant que le problème traité se trouvait alors être d'actualité. C'était en effet l'époque (1901-1904) où commençaient à se développer les installations de turbines dans les pays de montagne : l'alimentation s'en fait par des conduites de grande longueur, et l'ouverture ou la fermeture du vannage, en vue du réglage, donne des coups de bélier qui, eu égard à l'énorme masse d'eau en mouvement, peuvent être dangereux et gênent singulièrement le réglage automatique. De là la nécessité de savoir calculer l'ampleur de ces variations de pression afin d'en restreindre la limite supérieure.

Nous allons, avec L. Allievi, analyser les phénomènes qui ont lieu dans une conduite dont le débit est réglé par une vanne d'extrémité, tandis qu'à l'autre bout la charge est supposée constante grâce à la présence d'un réservoir. Si l'on admet que l'écoulement a lieu à l'air libre, la charge y sera nulle à l'orifice du distributeur.

Désignons par $\mathfrak{U}(t)$ la vitesse moyenne d'écoulement à travers cet orifice, à l'instant t du régime troublé ; en allant de la section origine des abscisses à l'orifice, on a, d'après le théorème de D. Bernoulli,

$$u^2(o, t) + 2gy(o, t) = \mathfrak{U}^2(t)$$

et, à l'état de régime, cette relation donne

$$u_0^2 + 2gy_0 = \mathfrak{U}_0^2.$$

Appelons $\lambda(t)$ le rapport de l'ouverture du distributeur à un instant quelconque à son ouverture σ à l'état de régime. La condition de continuité donne, aux instants o et t,

$$u_0 s = \mathfrak{U}_0 \sigma, \qquad u(o, t)s = \mathfrak{U}(t)\lambda\sigma$$

et, comme les premiers termes des équations ci-dessus sont négli-

---

[1] L. ALLIEVI, *Théorie générale du mouvement varié de l'eau dans les tuyaux de conduite* (*Annali della Società degli Ingegneri ed Architetti italiani*, déc. 1901 ; trad. franç., *Revue de Mécanique*, janvier et mars 1901) ; Conférences de l'auteur à la Société d'Encouragement pour l'Industrie nationale à Paris, à la Société pour le développement des sciences près l'Université de Grenoble ; Résumé de cette dernière conférence dans la *Houille blanche* (1905).

geables devant les seconds membres (u_0 est à peu près de l'ordre du dixième de $\mathfrak{U}_0$), il vient

$$(4) \qquad u(\mathrm{o}, t) = \lambda\, u_0 \sqrt{\dfrac{y(\mathrm{o}, t)}{y_0}}.$$

Le cas où la réduction d'orifice est réalisée par une vanne d'étranglement est un peu plus complexe : on y reviendra plus loin.

Nommons enfin, d'une manière générale, *valeur du coup de bélier* à un instant t dans une tranche d'abscisse x la surcharge $y - y_0$ correspondante ; mais nous considérerons surtout la valeur pour $x = \mathrm{o}$ et la dénoterons ξ ou $2 y_0 \zeta$:

$$\xi = 2 y_0 \zeta = y(\mathrm{o}, t) - y_0 = \mathrm{F}(t) - \mathrm{F}_1(t).$$

Cela posé, partons de l'état de régime et, à l'instant $t = \mathrm{o}$, diminuons l'orifice du distributeur. Par ce fait, naissent une surpression plus ou moins brusque et une réduction de vitesse en amont de la section initiale, lesquelles se propagent le long de la conduite avec la célérité ω. C'est le coup de *bélier simple* ou *direct*. D'après les conditions du phénomène, la propagation ne peut, au moins au début, s'effectuer que dans le sens des x positifs, et les équations (3) se réduisent à

$$(5) \qquad y - y_0 = \mathrm{F}\left(t - \dfrac{x}{\omega}\right), \qquad u_0 - u = \dfrac{g}{\omega}\mathrm{F}\left(t - \dfrac{x}{\omega}\right);$$

le rapport de la surcharge à la vitesse perdue est donc constant dans toute section et à tout instant.

La perturbation atteindra le réservoir au bout du temps $l : \omega$, l étant la longueur de la conduite, et y provoquera une *réaction*, laquelle mettra le temps $l : \omega$ pour parcourir la conduite en sens inverse et rejoindre la section initiale, et le temps $(l - x) : \omega$ pour rejoindre la section d'abscisse x. Par suite, pendant le temps $2 l : \omega = \tau$ pour la section initiale et $(2 l - x) : \omega = \tau - (x : \omega)$ pour une section quelconque, le phénomène est régi par les équations (5) : c'est la *phase du coup de bélier simple*, durant laquelle la plus grande valeur de la surcharge a lieu pour $u = \mathrm{o}$ et est $y_0 + \dfrac{\omega u_0}{g}$, accessible si la fermeture complète durait moins de τ, mais τ est très petit, eu égard à la grande valeur de ω pour les tuyaux métalliques.

Le point fondamental est de déterminer la fonction F connaissant seulement $\lambda(t)$; il suffit pour cela de remplacer dans (4) $y(o, t)$ et $u(o, t)$ par leurs valeurs déduites de (5) : cette fonction se trouve définie par l'équation du second degré

$$u_0 - \frac{g}{\omega} F(t) = u_0 \lambda(t) \sqrt{1 + \frac{F(t)}{y_0}}.$$

Pour une valeur de t supérieure à $\tau - \dfrac{x}{\omega}$, dans la section d'abscisse x, il y a lieu de tenir compte de la réaction due au réservoir, laquelle se manifeste par une perturbation se propageant vers l'orifice d'écoulement. Le phénomène, entre les instants $\tau - \dfrac{x}{\omega}$ et $2\tau - \dfrac{x}{\omega}$, forme le *contre-coup de bélier* et est régi par les équations (3) complètes, contenant les fonctions F et F_1.

À l'équation (4) d'écoulement à travers la vanne, on joint alors la condition que, dans la section d'embouchure, pour $x = l$, la charge est constante : ceci suppose que le tuyau est alimenté par un réservoir dont la masse est assez grande pour que les perturbations hydrodynamiques de la conduite ne puissent modifier la charge initiale y_0 que de quantités insignifiantes par rapport à elle-même.

L'identité en t,

$$F_1\left(t + \frac{l}{\omega}\right) = F\left(t - \frac{l}{\omega}\right),$$

entraîne, en posant $t + \dfrac{l}{\omega} = t' + \dfrac{x}{\omega}$,

$$F_1\left(t' + \frac{x}{\omega}\right) = F\left(t' - \tau + \frac{x}{\omega}\right).$$

en sorte qu'on a (en supprimant l'accent du paramètre t') durant la période τ que dure le contre-coup

$$y - y_0 = \quad F\left(t - \frac{x}{\omega}\right) - F\left(t - \tau + \frac{x}{\omega}\right),$$

$$u_0 - u = \frac{g}{\omega}\left[F\left(t + \frac{x}{\omega}\right) + F\left(t - \tau - \frac{x}{\omega}\right)\right].$$

La condition (4) donne alors, pour déterminer $F(t)$ quand t est compris entre τ et 2τ,

$$u_0 - \frac{g}{\omega}\left[F(t) + F(t-\tau)\right] = u_0\,\lambda(t)\sqrt{1 + \frac{F(t) - F(t-\tau)}{y_0}}.$$

$F(t)$ est défini par la résolution de cette équation du second degré, où $F(t-\tau)$, fonction relative à une valeur de l'argument inférieure à la durée de la première phase, est fournie par l'équation du second degré indiquée plus haut. Le coup de bélier est pour chacune de ces deux périodes

$$\xi_1 = F(t), \qquad \xi_2 = F(t) - F(t-\tau).$$

La même méthode de calcul s'appliquerait à la détermination du coup de bélier de la période suivante, allant de l'instant 2τ à l'instant 3τ, et ainsi de suite jusqu'à la $n^{\text{ième}}$ période, allant de l'instant $(n-1)\tau$ à l'instant $n\tau$.

On doit à R. Neeser [1] une intéressante vérification expérimentale des résultats précédents, faite en 1906 sur une conduite de grandes dimensions alimentant des turbines Pelton.

À la vérité, le tuyau est ici incliné sur l'horizon d'un angle α, alors que la théorie précédente le suppose horizontal. De ce fait, l'équation (1) doit être complétée par l'adjonction au second membre d'un terme $-g\sin\alpha$, qu'on fera disparaître en prenant ultérieurement comme inconnue, au lieu de la fonction y, la fonction $y + x\sin\alpha$. Il suffira dès lors d'ajouter au second membre de la première formule (3) le terme $-x\sin\alpha$. Mais ce terme est sans influence sur la détermination du coup de bélier pour la section initiale $x = 0$: la condition analytique relative à l'embouchure subsiste en effet, puisque, maintenant, pour $x = l$, $y = 0$ et $y_0 = l\sin\alpha$.

Une autre difficulté vient de ce que, pour un tuyau incliné, l'épaisseur des parois décroît de bas en haut : ω n'est plus constant. Il faut se borner à prendre une valeur moyenne et

---

[1] R. NEESER, *Coups de bélier dans les conduites* : résultats d'essais et vérifications expérimentales des théories de L. Allievi (*Bulletin technique de la Suisse romande*, 10 et 25 janvier 1910; *Revue de Mécanique*, 30 juin 1910, t. XXV, n° 6, p. 540-552).

R. Neeser adopte

$$\frac{1}{\omega^2} = \frac{\rho_1^0}{E_1} + \frac{\rho_1^0}{E} \, \text{moy.} \, \frac{2R_0}{e}.$$

Pour la conduite considérée, où les diamètres intérieurs varient de $0^m,93$ à $0^m,82$ et les épaisseurs de 4^{mm} à 23^{mm}, Neeser obtient : moy. $\frac{2R_0}{e} = 94,5$, et, en prenant $E_1 = 2,1 \times 10^8$ kg : m², $E = 2,15 \times 10^{10}$ kg : m² (acier doux), il trouve $\omega = 1035$ m : s.

Cette approximation semble justifiée par le résultat d'un premier essai portant sur le coup de bélier dû à la fermeture complète d'une vanne. La longueur de la conduite étant $l = 970^m$, la valeur théorique de la double période est

$$2\tau = \frac{4l}{\omega} = \frac{4 \times 970}{1035} = 3^s,75;$$

alors que la valeur déduite des mesures est $2\tau = 3^s,65$.

L'essai principal concerne le coup de bélier créé dans la conduite par l'ouverture complète, en 2 secondes, du distributeur d'une turbine, de manière à porter le débit de 60 à 800 litres : s.

Comme le rayon moyen de la section est de

$$0^m,435 \; (\pi.\overline{0,435^2} = 0^{m^2},5945),$$

les vitesses de régime correspondant aux deux débits sont
$u_0 = \frac{0,060}{0,5945} = 0,1009$ m : sec. et $u_1 = \frac{0,800}{0,5945} = 1,354$ m : sec.

On suppose que $\lambda(t)$ est une fonction linéaire du temps, et, en exprimant qu'en 2 secondes le débit est passé de 60^l à 800^l, on obtient $\lambda(t) = 0,00123 + 0,0076\,t$.

Enfin, la hauteur de chute étant de 345^m, on a pour la section initiale $y_0 = 345$.

On peut, avec ces chiffres, calculer les éléments qui définissent le coup de bélier : on l'a fait de 0 à $16,92$ secondes, à des intervalles de temps égaux à $\tau = \frac{2l}{\omega} = 0^s,94$, et les résultats sont consignés dans le Tableau suivant (p. 66).

Pour reporter les charges y sur le diagramme des pressions levé dans la tranche initiale, il y a lieu de les corriger de l'influence de la perte de charge. Quand on passe du premier régime au second, le diagramme accuse une différence de charge de 20^m environ;

par suite, chaque valeur y, correspondant à une vitesse u, doit être corrigée de $20 . \dfrac{u^2}{1,35^2}$. Les points représentatifs reportés sur le diagramme, après correction, donnent des coïncidences remarquables.

$t.$	$\Delta t.$	$\lambda(t).$	$\dfrac{\omega^2\lambda^2(t)}{g}.$	$F(t).$	$F(t-\tau).$	$y.$	$u.$
s				m	m	m	m : s
0	0	0,00123	0,1649	0	0	345,0	0,01
0,94	0,94	0,00837	7,6362	— 55,6	0	289,4	0,628
1,88	0,94	0,01551	26,214	—102,0	0	243,0	1,069
2,82	0,94	0,01643	29,423	— 72,7	— 55,6	327,9	1,318
3,76	0,94	»	»	— 41,8	—102,0	405,2	1,464
4,70	0,94	»	»	— 61,4	— 72,7	356,2	1,373
5,64	0,94	»	»	— 81,6	— 41,8	305,2	1,271
6,58	0,94	»	»	— 68,9	— 61,4	337,5	1,336
7,52	0,94	»	»	— 55,4	— 81,6	371,1	1,400
8,46	0,94	»	»	— 64,0	— 68,9	349,9	1,361
9,40	0,94	»	»	— 72,8	— 55,4	327,6	1,317
11,28	1,88	»	»	— 61,4	— 72,8	356,0	1,373
13,16	1,88	»	»	— 68,9	— 61,4	337,5	1,336
15,04	1,88	»	»	— 64,0	— 68,9	349,9	1,360
16,92	1,88	0,01643	29,423	— 67,2	— 64,0	341,8	1,346

Observations. — Injecteur ouvert au temps $t = 2^s$.

Fig. 4.

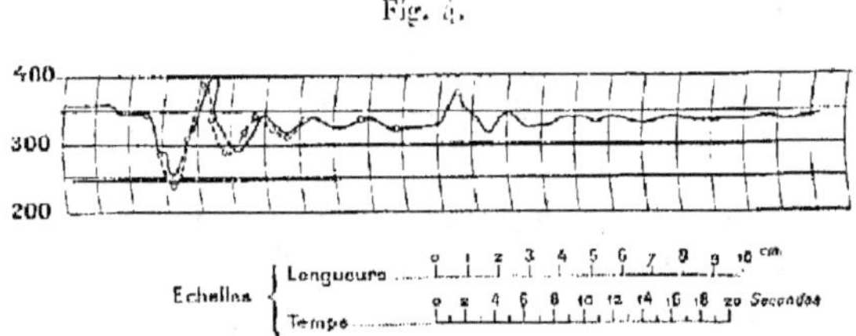

Le dispositif expérimental se réduit à un manomètre enregistreur de Richard, dont le tambour, préalablement isolé du mouvement d'horlogerie destiné à le mouvoir, est entraîné par un tachymètre de Horn, le tambour de ce dernier appareil étant relié au tambour du manomètre par une ficelle d'indicateur. Ce mode d'entraînement n'assure pas le synchronisme parfait entre les mouvements des deux tambours, et cela suffirait à expliquer le léger décalage de la ligne enregistrée par rapport à la ligne théorique.

D'autres essais, effectués en 1909 à l'usine de l'Ackersand par les ingénieurs de la maison Piccard, Pictet et Cie, à Genève, ont aussi donné des coïncidences tout à fait remarquables.

L'inconvénient de la méthode de calcul d'Allievi est la résolution d'une chaîne d'équations du second degré : on doit à M. de Sparre ([1]) un procédé d'approximation qui l'évite et qui conduit à des formules générales très simples, d'un emploi facile. Le point de départ consiste à remplacer dans le second membre de chacune des équations en question, avant sa rationalisation, le radical $\sqrt{1+\alpha}$ par l'expression $1+\frac{\alpha}{2}$, α étant très petit. Nous renverrons pour le détail et les applications à notre *Hydraulique générale* ([2]) (t. II, Sect. III, Chap. V, § 2-5).

On trouvera au même endroit l'examen de la fermeture par vanne d'étranglement, pour laquelle l'équation fondamentale d'écoulement doit être modifiée en utilisant le principe de Borda.

On doit enfin à M. de Sparre ([3]) l'étude de diverses questions techniques concernant les effets de résonance et l'influence des réservoirs d'air et des reniflards, mais sortant de notre cadre.

X. — Vues théoriques de M. Boussinesq (1905).

La publication d'Allievi fut l'occasion pour M. Boussinesq ([4]) de faire une analyse approfondie du mécanisme de la propagation

---

([1]) M. DE SPARRE, *Étude théorique sur les coups de bélier dans les conduites forcées* (extrait de la *Houille blanche*, Grenoble, 1905, p. 41-57).

([2]) A. BOULANGER, *Hydraulique générale*, t. II: *Problèmes à singularités et applications*, p. 268-280, Paris, Doin, 1909.

([3]) COMTE DE SPARRE, Divers articles publiés dans la *Houille blanche*: sept. 1907, p. 203; décembre 1907, p. 277; octobre 1911, p. 257; novembre 1911, p. 293; décembre 1911, p. 316.

([4]) J. BOUSSINESQ, *Propagation des ondes le long d'une colonne liquide compressible se composant de filets à vitesses inégales et contenue dans un tuyau élastique horizontal sans tension longitudinale* (*Annales scientifiques de l'École Normale supérieure*, 3ᵉ série, t. XXI, 1905, p. 349-368). Ce Mémoire a été résumé dans trois Notes présentées à l'Académie des Sciences de Paris les 3, 10 et 24 juillet 1905 (*C. R. Acad. Sc.*, t. CXLI, p. 8, 81 et 234).

des ondes liquides dans un tuyau élastique, de laquelle il ressort que, même en supposant la colonne fluide composée de filets à vitesse inégale et la paroi du tube douée seulement d'un axe d'isotropie suivant la direction de l'axe du tube, on est conduit encore aux équations aux dérivées partielles et à l'expression de la célérité rencontrées plus haut.

Voyons d'abord à nous affranchir de l'hypothèse de l'isotropie de la paroi; il nous suffira à cet effet de modifier très peu l'exposé que nous avons donné du travail de D.-J. Korteweg, alors inconnu d'ailleurs à M. Boussinesq (¹). On admet encore que les anneaux juxtaposés dont se compose le tuyau agissent chacun pour son compte sur le fluide sans s'influencer mutuellement. Si l'on voulait tenir compte des actions mutuelles des anneaux et, par suite, des actions qu'exerceraient à distance les uns sur les autres, par leur intermédiaire, des tronçons sous-jacents de la colonne liquide, les équations du mouvement seraient à peu près inextricables. Mais cette supposition fondamentale ne serait complètement valable que si la paroi du tube était formée de fibres annulaires très résistantes réunies par des fibres longitudinales extrêmement extensibles et compressibles : elle conviendrait à « un tuyau se composant, par exemple, d'anneaux séparément homogènes, sans largeur ni épaisseur sensibles, juxtaposés et superposés en nombre immense, ou, encore, des enroulements d'un long fil élastique à spires infiniment rapprochées, analogues aux trachées des végétaux, anneaux ou enroulements que relierait entre eux une sorte de parenchyme lâche, ou une toile affectée d'une double infinité de petits plis longitudinaux et transversaux ». Il y a lieu dès lors d'attribuer à la paroi une structure *hétérotrope*, différente dans le sens longitudinal de ce qu'elle est dans les sens transversaux, de manière à pouvoir, *à la limite*, supposer cette paroi infiniment compressible ou extensible suivant sa longueur, ou encore composée d'anneaux contigus sans actions mutuelles sensibles.

Soit donc un tube élastique, homogène, mais *isotrope seule-*

(¹) J. Boussinesq, *Calcul, pour les diverses contextures et épaisseurs de paroi possibles, de la résistance élastique qu'un tuyau sans tension longitudinale oppose au gonflement de la colonne liquide le remplissant* (*C. R. Acad. Sc.*, t. CXLI, p. 81).

ment autour de ses fibres longitudinales; reprenons le calcul de
la variation du rayon intérieur produite par une surpression intérieure uniforme p, en conservant toutes les notations du paragraphe 5, page 28.

En exprimant que la contexture est symétrique autour de parallèles à l'axe Ox du tuyau (isotropie latérale), on obtient [1]
comme *nouvelles* expressions des tensions élastiques en un point
$M(x, y, z)$ intérieur à la paroi

$$N_x = \lambda'\theta - \nu\partial_x, \qquad\qquad T_x = \mu g_x,$$
$$N_y = \lambda\theta + \lambda'\partial_x + 2\mu\partial_y, \qquad T_y = \mu' g_y,$$
$$N_z = \lambda\theta - \lambda'\partial_x + 2\mu\partial_z, \qquad T_z = \mu' g_z;$$

$\partial_x, \partial_y, \partial_z, g_x, g_y, g_z$ sont les dilatations et glissements au point
considéré; θ est la dilatation superficielle $\partial_y + \partial_z$ d'éléments plans
normaux à Ox, environnant ce même point; $\lambda, \mu, \nu, \lambda', \mu'$ sont
cinq coefficients constants caractéristiques du milieu.

On cherche encore à satisfaire aux équations indéfinies de
l'équilibre d'élasticité par les expressions

$$u_1 = ax, \qquad v_1 = U(\sigma)\frac{y}{\sigma}, \qquad w_1 = U(\sigma)\frac{z}{\sigma}$$

$\left(\sigma = \sqrt{y^2 + z^2},\ a \text{ constante}\right)$ des composantes du déplacement
d'un élément; comme on a encore maintenant $T_y = T_z = 0$
et que $\theta = \dfrac{dU}{d\sigma} + \dfrac{U}{\sigma}$ ne dépend que de σ, on trouve de
suite que les trois équations d'équilibre se réduisent à deux,
soit à $\dfrac{\partial\theta}{\partial x} = 0$, $\dfrac{\partial\theta}{\partial\sigma} = 0$; θ se réduit donc à une constante $2b$, et U
a dès lors pour valeur, c étant une nouvelle constante, $b\sigma + \dfrac{c}{\sigma}$.
Les expressions explicites des (N, T) s'en déduisent aisément.
En particulier, pour un point situé dans le plan xOz ($z = \sigma$,
$y = 0$), on a $T_x = T_y = T_z = 0$ et

$$N_x = 2\lambda'b + \nu a,$$
$$N_y = 2\lambda b + \lambda'a + 2\mu\left(b + \frac{c}{\sigma^2}\right),$$
$$N_z = 2\lambda b + \lambda'a + 2\mu\left(b - \frac{c}{\sigma^2}\right).$$

---

[1] A. CLEBSCH, *Théorie de l'élasticité des corps solides,* trad. B. de Saint-Venant, p. 77.

Les constantes arbitraires se déterminent de manière à vérifier les conditions aux limites, et, en procédant comme au paragraphe 5, on trouve de suite, r étant encore la variation du rayon intérieur,

$$(\text{C})\quad\begin{cases} b_1 \text{R} + \dfrac{c_1}{\text{R}} = r, \\[2mm] 2\lambda' b_1 + \nu a_1 = 0, \\[2mm] 2\lambda b_1 + \lambda' a_1 + 2\mu\left(b_1 - \dfrac{c_1}{\text{R}^2}\right) = -p, \\[2mm] 2\lambda b_1 + \lambda' a_1 + 2\mu\left[b_1 - \dfrac{c_1}{(\text{R}+e)^2}\right] = 0. \end{cases}$$

L'élimination des constantes a_1, b_1, c_1 entre ces relations donne immédiatement, en introduisant le module m du tuyau

$$\frac{4m(m+1)r}{p\text{R}} = \frac{\nu}{(\lambda-\mu)\nu-\lambda'^2} + \frac{(2m+1)^2}{\mu},$$

ou encore

$$(1+m)\frac{er}{p\text{R}^2} = \frac{(\lambda+2\mu)\nu-\lambda'^2}{(\lambda+\mu)\nu-\lambda'^2}\frac{1}{4\mu} + m(m+1)\frac{1}{\mu}.$$

Des cinq coefficients d'élasticité caractéristiques de la paroi, un seul μ et une fonction des quatre autres interviennent. Si E' est le *coefficient d'élasticité transversale* (ou coefficient d'élasticité des fibres annulaires) et G_1 le coefficient de résistance à la déformation transversale, on a [1]

$$\text{E}' = 4\mu\frac{(\lambda+\mu)\nu-\lambda'^2}{(\lambda+2\mu)\nu-\lambda'^2}, \qquad \text{G}_1 = \mu;$$

de plus, si η' est le rapport de la contraction latérale des fibres circulaires à la dilatation longitudinale de ces fibres, qu'elle accompagne, on a aussi

$$\mu = \frac{\text{E}'}{2}\frac{1}{1+\eta'}.$$

Avec ces notations, la relation précédente prend la forme $(4\ bis)$ du paragraphe 5, page 30,

$$p = \text{C}\frac{rc}{\text{R}^2},$$

---

[1] A. CLEBSCH, *loc. cit.*, p. 83-84.

le coefficient C étant défini cette fois par l'équation

$$\frac{E'}{C} = \frac{1}{1+m} + 2m(1+\eta'),$$

qui coïncide avec celle de Korteweg dans le cas où l'on suppose la paroi isotrope.

Ce résultat a été obtenu par M. Boussinesq sans passer par les équations de Cauchy, en substituant au parallélépipède de Cauchy un volume élémentaire (de longueur 1 dans le sens des x) compris entre deux cylindres de rayons respectifs r et $r + dr$, et deux plans menés suivant l'axe, inclinés l'un sur l'autre d'un angle infiniment petit γ, volume dont il forme directement les conditions d'équilibre.

Les résultats précédents valent encore si la pression n'est pas uniforme et varie avec x, si l'on admet que l'action mutuelle de deux anneaux contigus est nulle, ou encore que l'on a en tout point $N_x = 0$. Si nous cherchons en effet à vérifier les équations indéfinies de l'équilibre d'élasticité, à l'aide des mêmes expressions de v_1, w_1 et en prenant pour u une fonction quelconque de x, on reconnaît que $\lambda'\theta + \nu\partial_x$ ne dépend ni de σ ni de x; puis, si l'on exprime que la surpression $p(x)$ dans la tranche d'abscisse x produit une dilatation radiale $r(x)$ en laissant N_x nul, on obtient les mêmes équations (C) que précédemment, à cela près que a_1, b_1, c_1 sont maintenant des fonctions de x : ces quantités n'étant que des intermédiaires à éliminer, la conclusion subsiste.

La forme même sous laquelle se présentent les calculs montre qu'on peut envisager même un cas où la mise en compte de l'action mutuelle des anneaux contigus serait aisée : c'est celui d'un tuyau droit et raide, sans pesanteur, maintenu seulement par ses deux extrémités, les inerties en jeu dans le tuyau étant supposées insensibles comparativement aux inerties du fluide suivant l'axe. On peut alors considérer le tuyau comme étant sans cesse à l'état d'équilibre intérieur, même dans son ensemble. La pression totale entre anneaux contigus est, par suite, constante d'une extrémité à l'autre et égale à la poussée sur les appuis; il est permis de la regarder comme proportionnelle aux déplacements de ceux-ci. Un tel déplacement, proportionnel à la poussée, varie en raison inverse du coefficient d'élasticité de l'appui et de l'étendue de la surface de contact : le coefficient de proportionnalité est déterminé quand la *nature* de l'appui est définie. La somme Δ de ces deux déplacements, égale d'ailleurs à l'allongement total du tuyau, soit à $\int \partial_x dx$, étendue à l'axe entier, est dès lors le produit de la poussée par *un coefficient* que nous pouvons regarder comme numériquement connu.

Cela posé, revenons au calcul généralisé précédent. Les équations de l'équilibre d'élasticité montrent que $\lambda'\theta + \nu\partial_x$ ne dépend ni de x, ni de σ; or, cette expression n'est autre que N_x, qui est constant, et qui, par suite, est la poussée par unité d'aire de section transversale, soit $k\Delta$, k étant censé donné. Si l'on exprime les conditions limites relatives à une tranche, on retrouve les équations (C) à cela près qu'au second membre de la deuxième équation on a $k\Delta$ au lieu de zéro. L'élimination de b_1 et c_1 entre les trois dernières équations donne alors, en notant que, dans ce calcul, a_1 représente la valeur de ∂_x pour la surpression $p(x)$,

$$\left[\frac{\lambda + \mu}{\lambda'} k\Delta + \frac{\lambda'^2 - \nu(\lambda + \mu)}{\lambda'}\partial_x\right]\left[\frac{1}{(R+c)^2} - \frac{1}{R^2}\right] = -\frac{p}{(R-c)^2}.$$

Le *coefficient d'élasticité longitudinale* et le *coefficient de contraction latérale des fibres longitudinales* du tuyau, qui ont pour valeurs (A. CLEBSCH, *loc. cit.*),

$$E = \frac{\nu(\lambda + \mu) - \lambda'^2}{\lambda + \mu}, \qquad \eta = \frac{\lambda'}{2(\lambda + \mu)},$$

s'introduisent naturellement, ainsi que le module m du tuyau, et il vient

$$p = \frac{2m(m+1)}{\eta}(k\Delta - E\partial_x).$$

Multiplions les deux membres par dx et intégrons tout le long du tuyau, en nous rappelant la définition de Δ, et nous aurons la formule

$$\Delta = \frac{\eta}{2m(m+1)(k-E)}\int p\, dx,$$

qui permet de calculer l'allongement total Δ quand $p(x)$ est connu.

De plus, si nous éliminons a_1, b_1, c_1 entre les quatre équations (C) après avoir écrit $k\Delta$ au membre de droite de la seconde, nous obtenons bien simplement

$$2[(\lambda - \mu)\nu - \lambda'^2]\frac{r}{R} - \frac{p}{4\,m(m+1)\mu}$$
$$\times \left\{ 4\,m(m+1)[(\lambda+\mu)\nu - \lambda'^2] + (\lambda+2\mu)\nu - \lambda'^2 \right\} = \lambda'k\Delta,$$

ou, en introduisant les quatre coefficients E, E', η, η' après avoir multiplié les deux membres par m ou $\dfrac{e}{2R}$ et divisé par $(\lambda + \mu)\nu - \lambda'^2$,

$$\frac{re}{R^2} - \frac{p}{E'}\left[\frac{1}{1+m} + 2m(1-\eta')\right] = \frac{2\eta\,km\,\Delta}{E}.$$

Ainsi, p est maintenant lié à r par l'équation intégrale

$$p = \mathcal{E}\frac{re}{R^2} - \frac{k\eta^2\mathcal{C}}{(m+1)E(k-E)}\int p\,dx.$$

Si nous désignons par $-a$ le coefficient de l'intégrale, et si nous posons

$$p_1 = p + a\int p\,dx,$$

on voit que, si $p(x)$ est connu, $p_1(x)$ s'ensuit immédiatement; et, inversement, si $p_1(x)$ est donné, $p(x)$ qui n'en diffère que par une constante additive A, définie par la relation

$$A + a\int p_1\,dx + a\,AL = 0$$

(L longueur du tuyau), aura pour expression

$$p = p_1 - \frac{a}{1+aL}\int p_1\,dx.$$

Par le fait, la résistance élastique opposée par un tuyau au gonflement de la colonne liquide qui le remplit se trouve maintenant connue. Voyons à étudier la propagation des petits mouvements à travers le fluide, en suivant cette fois M. Boussinesq.

Imaginons d'abord que la colonne fluide, horizontale, soit *en repos* et supposons-la même sans pesanteur ni pression; puis restituons-lui son poids, avec une pression constante le long de l'axe du tuyau, mais complétée partout ailleurs par une petite partie variable hydrostatiquement à travers les sections transversales, partie censée ici insignifiante. Cette restitution fait éprouver à la colonne, revenant au repos, à partir de la section $x = 0$ restée dans son plan primitif, les petites contractions statiques, soit cubique, soit surtout longitudinale, nécessaires à l'existence de cette pression, vu les légères dilatations latérales simultanées qui tendront presque uniformément les fibres annulaires du tuyau pour leur permettre d'équilibrer ladite pression intérieure. Produisons enfin, à partir d'un instant donné, sur le fluide revenu au repos, des variations de pression communes à toute la section $x = 0$, en déplaçant, par exemple, légèrement celle-ci normalement à son plan.

Cette perturbation entraînera plus ou moins vite, dans toute la colonne, des déplacements presque parallèles à l'axe et aussi, par suite, des variations de la pression p sensiblement pareilles sur toute l'étendue des sections normales, ou fonctions seulement de x et de t. Chaque tronçon de la colonne, primitivement compris entre les abscisses x_0 et $x_0 + dx_0$ acquerra suivant les x, par l'effet des chutes de pression s'y observant, des vitesses longitudinales u communes, assez lentement variables avec x_0 en raison de leur rapide propagation; et les tronçons se conserveront ainsi presque cylindriques durant des temps notables, à cause de la petitesse qu'ont les frottements dans les fluides.

Soit ξ le déplacement total, jusqu'à l'époque t et suivant les x, de la première base du tronçon, d'abscisse primitive x_0, d'abscisse actuelle $x = x_0 + \xi$; ∂ le petit écartement relatif $\frac{\partial \xi}{\partial x_0}$ des deux bases du tronçon; ∂' la dilatation analogue, comparable à ∂, des rayons R de celles-ci. L'accroissement $R\partial'$ des rayons sera négligeable à côté de ξ; par suite les vitesses et accélérations, suivant les rayons, tant du tronçon fluide que de la paroi, seront peu de chose à côté de celles du mouvement longitudinal du fluide. Cela entraîne que les inerties mises en jeu dans le tuyau, transversales ou même, par suite, longitudinales, et aussi celles du fluide suivant les sens normaux à l'axe, seront insensibles comparativement aux inerties du fluide suivant l'axe.

Ces inerties longitudinales, dues à la différence des pressions exercées sur les deux bases du tronçon, pressions presque égales même quand la distance de ces bases est prise comparable à R, sont très faibles à côté de la pression sur une seule base et, par suite, à côté de la pression sur une section méridienne du tronçon menée suivant l'axe, ou encore, à côté de la tension de l'anneau de paroi qui contient le tronçon fluide et s'oppose à la pression supportée par la section méridienne. Il en résulte *a fortiori* que les inerties normales à l'axe, tant de cet anneau de paroi que du tronçon fluide, sont négligeables vis-à-vis de la tension de l'anneau.

Dès lors, la relation établie plus haut entre la variation de pression et celle corrélative de rayon à l'état statique est applicable et donne (chaque anneau se comportant comme s'il était seul en présence du tronçon fluide sous-jacent de même longueur)

$$\vartheta' = \frac{r}{R} = \frac{R}{e}\,\frac{p}{C}.$$

D'un autre côté, la surpression p est le produit du coefficient E_1 d'élasticité du liquide (inverse de la compressibilité) par la contraction cubique $-\vartheta - 2\vartheta'$ (la dilatation transversale étant la même dans toutes les directions d'une section),

$$p = -E_1(\vartheta + 2\vartheta').$$

Remplaçons ϑ' par la valeur précédente et ϑ par $\dfrac{\partial\xi}{\partial x_0}$; il viendra

$$(A) \qquad p = -\frac{1}{\dfrac{1}{E_1} + \dfrac{2R}{C\,e}}\,\frac{\partial\xi}{\partial x_0}.$$

Cela étant, la première équation d'Euler donne, en remplaçant par x_0 la variable indépendante $x = x_0 + \xi$, eu égard à la petitesse de $\dfrac{\partial\xi}{\partial x_0}$, et en y réduisant la densité actuelle ρ_1 du liquide à la densité constante ρ_0 d'état naturel (sauf erreur négligeable au second membre),

$$u' \qquad \text{ou} \qquad \frac{\partial^2\xi}{\partial t^2} = -\frac{1}{\rho_1^0}\,\frac{\partial p}{\partial x_0}.$$

Substituons à p la valeur précédente, et nous aurons comme équation aux dérivées partielles du problème

$$(A') \qquad \frac{\partial^2\xi}{\partial t^2} = \omega^2\,\frac{\partial^2\xi}{\partial x_0^2},$$

en posant

$$\frac{1}{\omega^2} = \frac{\rho_1^0}{E_1} + \frac{o_1^0}{m\mathcal{C}}.$$

La dérivation de l'équation (A') par rapport à t et à x_0 montre que la vitesse u, la dilatation longitudinale ϑ et la pression, d'après (A), vérifieront la même équation aux dérivées partielles. Ainsi, U désignant la vitesse moyenne à travers la section d'abscisse x, vitesse identique, ici, à la dérivée, u, de ξ en t, nous aurons l'équation double

$$(A'') \qquad \frac{\partial^2(p,\,U)}{\partial t^2} = \omega^2 \frac{\partial^2(p,\,U)}{\partial x_0^2}.$$

Enfin, à raison de la petitesse de la dérivée de ξ en x_0, on peut, sans changement appréciable des dérivées partielles de ξ, substituer à t et à x_0, comme variables indépendantes, t et $x_0 + \xi$, c'est-à-dire t et x ; ce qui donne les équations définitives

$$(A''') \qquad \frac{\partial^2(p,\,U)}{\partial t^2} = \omega^2 \frac{\partial^2(p,\,U)}{\partial x^2}.$$

M. Boussinesq s'affranchit, pour terminer, de l'hypothèse du repos initial de la colonne fluide. Supposons donc, avec lui, « que la masse fluide soit déjà, au moment où d'assez rapides changements de la pression l'atteignent près d'une section $x = o$, en train de couler par filets rectilignes et parallèles inégalement rapides, animés de vitesses u_0 comparables à celles que vont produire ces changements et, par conséquent, toujours très petites à côté de la célérité ω. C'est ce qui arrive, par exemple, quand la longueur du tuyau est suffisante pour que les petits frottements des filets et de la paroi, quoique négligeables sur des parcours x comme ceux que nous considérons ici, aient établi, concurremment avec une petite pente motrice ainsi neutralisée par eux, un régime uniforme dans la région des x positifs ».

Dans ces conditions, « la première équation d'Euler est applicable aux mouvements ondulatoires survenus assez vite ; car les frottements et la petite composante de la pesanteur suivant les x (ou le petit décroissement analogue de la pression) y sont relativement insensibles. Or les vitesses engendrées $u - u_0$ étant encore censées principalement longitudinales, la pression p et, par suite, la densité ρ, égale à $\rho_1^0\left(1 + \dfrac{p}{E_1}\right)$, d'après la loi de compressibilité du liquide, continuent à ne dépendre guère que de x et de t. Donc, l'accélération u' est encore commune à toute une section σ et même (vu la rapidité de la propagation comparativement à la différence des parcours effectifs jusqu'à l'instant t), commune à tout le fluide d'une région de longueur modérée. Les accroissements $u - u_0$ de vitesse, dus aux accélérations u', sont, par suite, pareils pour tout ce fluide, et égaux à leur moyenne, $U - U_0$ (à très peu près), dont la dérivée en t, prise sur place, exprime, dès lors, sensiblement u'. Ainsi la première équation d'Euler donne à très peu près

$$(\text{B}) \qquad \frac{\partial U}{\partial t} = - \frac{1}{\rho_1^0} \frac{\partial p}{\partial x}.$$

Faisons, d'autre part, dans l'équation de la conservation des masses,

$$\frac{\partial(\sigma\rho)}{\partial t} + \frac{\partial(\sigma\rho U)}{\partial x} = 0,$$

la substitution

$$\rho = \rho_1^0\left(1 + \frac{p}{E_1}\right), \qquad \sigma = \sigma_0\left(1 + 2\frac{r}{R}\right) = \sigma_0\left(1 + \frac{p}{m\mathcal{E}}\right).$$

Il vient aisément, vu la valeur de $\dfrac{1}{\omega^2}$,

$$(\text{B}') \qquad \frac{\partial U}{\partial x} = - \frac{1}{\rho_1^0 \omega^2} \frac{\partial p}{\partial t},$$

et l'élimination soit de U, soit de p, entre (B) et (B'), donne bien les deux équations (A''') qu'on voulait généraliser. »

On peut encore compléter cette minutieuse analyse par quelques remarques.

Tout d'abord, on a supposé le tuyau lâche; s'il était droit et raide, fixé seulement à ses deux extrémités, la même analyse vaudrait, sous réserve de calculer le déplacement radial r de la paroi par la relation

$$\mathcal{E}\frac{r e}{R^2} = p + a \int p \, dx = p_1;$$

sauf la substitution de p_1 à p, les lois du mouvement seront les

B. 6

mêmes et la vitesse ω de propagation des ondes ne dépendra pas du degré de fixité des sections extrêmes. Nous avons vu d'ailleurs que la connaissance de p_1 entraîne celle de p et inversement.

En second lieu, on a supposé le tuyau horizontal; s'il était incliné, la pression p et aussi la dilatation $2\partial'$ de la section transversale σ, prendraient, en tout point de l'axe Ox du tuyau, une partie permanente due au poids du liquide et fonction de x seul. En admettant que ce terme de p ne soit pas d'un ordre de grandeur plus élevé que celui qu'y ajoutent ensuite les ondes, il disparaîtra automatiquement des équations (B) (où il détruira le terme de pesanteur introduit par l'inclinaison du tube) et (B') (puisqu'il ne contient pas t). Sauf donc la réduction de p à sa partie *non permanente*, les lois (A''') du mouvement subsisteront encore.

En troisième lieu, M. Boussinesq convient que les raisonnements précédents ne s'appliquent guère à une conduite enfouie dans un terrain qui s'oppose à ses mouvements un peu étendus. Il montre alors, par un aperçu, comment les résultats seront encore approximativement utilisables si toutefois on limite la question, si l'on suppose que les ondes envisagées n'ont qu'une longueur restreinte, ou que, longues, elles sont composées de parties de longueur restreinte et donnant lieu à des excès de pression moyennement nuls.

Enfin, la théorie n'est plus valable si les perturbations voisines de $x = 0$ sont assez lentes pour laisser, dans la propagation, un rôle important aux frottements ou à la pente motrice neutralisée jusque-là par ceux-ci. Le problème se complique alors, et quoiqu'il soit abordable à l'aide des méthodes employées par M. Boussinesq dans l'étude du mouvement des eaux courantes, l'auteur se borne à le signaler comme intéressant. Nous le traiterons en détail dans un Chapitre ultérieur.

Au point de vue pratique, indiquons ce qu'on peut appeler la *condition d'équarrissage* du tuyau. La dilatation des fibres annulaires due à la surpression p, est, avec les notations de la première partie de ce Chapitre, $\dfrac{U}{\sigma}$ ou $b_1 + \dfrac{C_1}{\sigma^2}$; σ variant de R à $R + e$, elle est maximum à la face interne, pour $\sigma = R$ et coïncide alors avec $\dfrac{r}{R}$. Si ∂_s est la limite de sécurité acceptable pour les allongements de la matière employée et p_M la plus grande valeur de p, on doit avoir

$$p_M < \mathcal{E} \frac{e}{R} \delta_S;$$

telle est la valeur extrême qu'on puisse admettre pour la pression à imposer éventuellement à un tuyau donné.

XI. — Notes diverses sur les théories précédentes.

Nous allons réunir ici, sans souci de les lier, quelques réflexions et additions suggérées par les théories dont nous venons de présenter le tableau.

1. *Les expressions de la vitesse de propagation des ondes et la théorie de l'homogénéité.* — Les considérations relatives à l'homogénéité, déjà développées par Newton, pouvaient fournir la structure de la formule d'Young, une fois admis que la vitesse ω de propagation des ondes ne dépend que du rayon R et de l'épaisseur a du tuyau, de la densité ρ_1 du liquide et du coefficient d'élasticité E de la paroi. Si

$$f(\omega, a, R, \rho_1, E) = 0$$

est la relation qui lie ces cinq éléments et dont il s'agit de préciser la forme, si l'on remarque que les dimensions de ω, ρ_1 et E sont respectivement LT^{-1}, ML^{-3} et $ML^{-1}T^{-2}$, d'abord l'homogénéité par rapport aux masses exige que ρ_1 et E n'interviennent que par leur rapport $\frac{E}{\rho_1}$ de dimensions $L^2 T^{-2}$, puis celle relative aux temps que ω et $\frac{E}{\rho_1}$ n'entrent que par la fonction $\omega^2 \frac{\rho_1}{E}$ de dimensions nulles, et enfin celle relative aux longueurs que a et R ne figurent que par leur rapport, soit par le module $m = \frac{a}{2R}$ du tuyau. Il vient donc

$$\omega = \sqrt{\frac{E}{\rho_1}} F(m),$$

et il ne reste qu'à trouver la fonction F d'une variable.

Si l'on voulait mettre en compte la compressibilité du fluide, il faudrait partir de la relation

$$f(\omega, a, R, \rho_1, E, E_1) = o,$$

où E_1, est le coefficient de dilatation cubique du liquide, de dimensions $ML^{-1}T^{-2}$. En passant par les mêmes étapes, on reconnaîtrait successivement que la fonction f ne porte que sur les variables ω, a, R, $\dfrac{E}{\rho_1}$, $\dfrac{E_1}{\rho_1}$, puis a, R, $\dfrac{E}{\rho_1 \omega^2}$, $\dfrac{E_1}{\rho_1 \omega^2}$ et enfin m, $\dfrac{E}{\rho_1 \omega^2}$, $\dfrac{E_1}{\rho_1 \omega^2}$. Soient $\alpha = \sqrt{\dfrac{E_1}{\rho_1}}$, $\beta = \sqrt{\dfrac{E}{\rho_1}}\, F(m)$; il vient

$$\frac{\omega^2}{\alpha^2} = G\left(m, \frac{\omega^2}{\beta^2} \right),$$

et il reste à déterminer une fonction de deux variables pour avoir la formule de Korteweg.

2. *Extension de la méthode d'Young à l'établissement de la formule de Korteweg.* — Reprenons le raisonnement et les notations de la page 4, mais en supposant le fluide compressible. Si E_1 est son coefficient d'élasticité cubique, l'équation de conservation du volume d'un tronçon est remplacée par

$$\Pi : \frac{(\Delta - \delta)(R + r)^2 - \Delta R^2}{\Delta R^2} = E_1,$$

ou

$$\frac{\Pi}{E_1} = \frac{2r}{R} - \frac{\delta}{\Delta}.$$

Or, on a d'une part $\Pi = \dfrac{E a}{R} \cdot \dfrac{r}{R}$, et l'on détermine $\mathcal{E}$ par la condition $\mathcal{E}\dfrac{\delta}{\Delta} = \Pi$, de manière que le mouvement des tranches soit le même dans le tuyau donné que dans le tuyau associé; la vitesse de propagation dans le tuyau donné est alors

$$\Omega = \sqrt{\frac{\mathcal{E}}{\rho}},$$

et elle vérifie la relation

$$\frac{\Pi}{E_1} = \frac{2 \Pi R}{E a} - \frac{\Pi}{\rho \Omega^2},$$

ou encore

$$\frac{1}{\Omega^2} = \frac{1}{\omega^2} + \frac{\rho}{E_1},$$

ω étant la vitesse de propagation relative au cas de l'incompressibilité. On reconnaît là la formule de Korteweg ([1]).

3. *La théorie de l'élasticité des solides n'est pas applicable au caoutchouc*. — Les frères Weber ont eu raison de demander à une expérience directe la valeur du coefficient qui intervenait dans leur formule, et, pour le caoutchouc, il est illusoire de prendre dans la théorie classique de l'élasticité le point de départ d'une approximation plus grande que celle de la formule d'Young, par exemple en substituant à l'isotropie la seule présence d'un axe d'isotropie. Cela résulte d'une judicieuse remarque de Clebsch, corroborée par un aperçu de Barré de Saint-Venant. « Diverses expériences ont prouvé que le caoutchouc n'est, comme les gelées, qu'un réseau vésiculeux dont les mailles ou cellules sont remplies d'une matière liquide; or, toute déformation perceptible d'éléments liquides produit des changements de distances moléculaires qui excèdent de beaucoup les limites dans lesquelles les actions développées leur restent proportionnelles et ne cessent pas d'avoir les mêmes intensités pour les diminutions que pour les augmentations de distance ([2]). » Il convient donc d'exclure le caoutchouc et tous les composés spongieux analogues, dits *corps très élastiques*, de toute applicabilité des formules de la théorie de l'élasticité. Il faut se borner à utiliser des résultats expérimentaux concernant la traction, la compression, la contraction latérale, tels que ceux obtenus, sinon par Imbert, du moins par Bouasse, par Cantone.

D'un autre côté, les Weber ont eu grand tort, à notre avis, de déterminer le coefficient k par l'application d'une pression intérieure uniforme d'un bout à l'autre et *supportée longitudinalement par le tube;* car certainement cette tension longitudinale n'existait plus (pour la plus grande partie), durant la propagation des ondes, sur les anneaux qui subissaient pareille pression inté-

---

([1]) Dans le même ordre d'idées, *voir* l'article de vulgarisation de A. FLAMANT, *Sur la propagation des ondes liquides dans un tuyau élastique* (*Revue de Mécanique*, t. XVIII, n° 2, 28 février 1902, p. 101).

([2]) A. CLEBSCH, *Théorie de l'élasticité des corps solides*, éd. franç. p. 67. *Voir* aussi *Ibid.*, p. 3, et NAVIER, *De la résistance des corps solides*, rééd. par BARRÉ DE SAINT-VENANT, 1864, Appendice V, § 59 et 73.

rieure. Cette manière de déterminer k (ou, ce qui est équivalent, E), en tendant le caoutchouc dans tous les sens, fait visiblement résister les fibres circulaires à l'extension plus qu'elles ne feraient sans la tension longitudinale. Aussi leur valeur de E (ou celle de k) est-elle *trop forte*, et il est évident que, pour savoir dans quelle proportion la réduire, des expériences directes *sur leur caoutchouc* eussent été nécessaires, comportant la mesure de l'allongement du tuyau par la surpression.

Dans le même ordre d'idées, il convient de signaler que le caoutchouc est un corps incomparablement moins compressible que déformable ; l'élasticité de volume y étant énorme, on peut admettre comme approché le principe de la conservation des volumes. Il en résulte un moyen de tenir compte, en quelque mesure, du fait que les anneaux ne sont pas parfaitement indépendants.

Supposons, vu la petitesse effective des tensions longitudinales, une contraction linéaire δ, *uniforme dans tous les sens*, de la section normale de chaque anneau élémentaire, de longueur primitive dx et actuelle $dx\,(1 - \delta)$, d'épaisseur primitive e et actuelle $e\,(1 - \delta)$, enfin de circonférence primitive $2\pi R_0$ et actuelle $2\pi R$. Le volume constant $2\pi R e\,dx\,(1 - 2\delta)$ ayant été primitivement $2\pi R_0\, e\, dx$, on aurait

$$\delta = \frac{1}{2}\,\frac{R - R_0}{R_0} \qquad \text{ou} \qquad \delta = \frac{1}{4}\,\frac{R^2 - R_0^2}{R_0^2} = \frac{\tau}{4},$$

en désignant par τ l'accroissement unitaire de la section fluide. L'épaisseur actuelle de l'anneau étant ainsi $e\left(1 - \frac{\tau}{4}\right)$, sa résistance à l'unité de dilatation, par unité de longueur actuelle du tuyau, sera donc $Ee\left(1 - \frac{\tau}{4}\right)$, ce qui revient à remplacer le coefficient d'élasticité E des fibres circulaires par $E\left(1 - \frac{\tau}{4}\right)$, ou à le multiplier par $1 - \frac{\tau}{4}$. C'est cette expression modifiée que nous introduirons au Chapitre suivant. Elle ne vaut d'ailleurs que si la proportionnalité de la force élastique à l'extension, par unité d'aire effective, a lieu jusqu'à la limite des allongements produits.

4. *Assimilation de la paroi à une toile; analogie de la propagation des intumescences et du mouvement des charges roulantes.* — Au lieu de considérer le tube comme formé d'anneaux

indépendants réunis par un parenchyme lâche, on pourrait plus naturellement assimiler sa paroi à une toile dont les fils de chaîne seraient les fibres longitudinales et les fils de trame ou duites les fibres circulaires. Encore que dans la réalité ces fils soient solidaires et ne puissent glisser librement les uns sur les autres, nous aurions, en admettant que cette liaison est sans frottement, une approximation plus grande que la précédente.

Nous appliquerions alors à chaque fil de chaîne l'équation différentielle des mouvements transversaux d'une barre élastique mince, telle qu'elle a été donnée par Clebsch et Barré de Saint-Venant ([1]).

Soient u le déplacement subi à l'instant t par le centre de gravité de la section, d'abscisse x, de la tige primitivement rectiligne, dans le sens normal aux x; I le moment d'inertie de cette section par rapport à l'axe central perpendiculaire au plan de symétrie supposé de la pièce, plan parallèlement auquel se produit la flexion; E' le module d'élasticité longitudinal de la matière; $\frac{\varpi}{g}$ la densité linéaire de la tige ; T la tension longitudinale exercée au centre de la section considérée ; Φ la force, rapportée *à l'unité de masse*, agissant suivant le sens transversal des déplacements u. Ces quantités sont liées par l'équation fondamentale

$$\frac{\partial^2}{\partial x^2}\left(E'\,I\,\frac{\partial^2 u}{\partial x^2}\right) - T\,\frac{\partial^2 u}{\partial x^2} + \frac{\varpi}{g}\left(\frac{\partial^2 u}{\partial t^2} - \Phi\right) = 0.$$

Si l'on regarde la section comme rectangulaire, d'épaisseur e, d'aire σ; si l'on appelle $\tilde{\varpi}$ la tension longitudinale par unité de surface, on a

$$I = \frac{1}{12}\,\sigma e^2, \qquad T = \sigma\tilde{\varpi}, \qquad \frac{\varpi}{g} = \rho\,be.$$

En rapportant la tige, fil de chaîne de la paroi, à l'axe du tube, les dérivées de u coïncident avec celles de R, et l'on a enfin

$$\Phi = \frac{\partial^2 R}{\partial t^2} - \frac{\tilde{\varpi}}{\rho}\,\frac{\partial^2 R}{\partial x^2} + \frac{E'\,e^2}{12\rho}\,\frac{\partial^4 R}{\partial x^4}.$$

Les trois termes de l'expression de la force Φ, qui s'oppose, avec

---

([1]) A. Clebsch, *loc. cit.*, p. 482 et 493.

la tension élastique de chaque fibre annulaire, au gonflement de la colonne liquide, correspondent respectivement à l'inertie, à la tension longitudinale et à la flexion longitudinale : cette seule observation suggère d'ailleurs une démonstration directe immédiate de la formule.

L'expression de Φ est notamment propre à rendre compte de l'ordre de grandeur de l'influence de chacune des trois actions, dont la dernière est insignifiante en comparaison des deux autres. Quant à la seconde, nous noterons que, dans les expériences des Weber, ce qui la provoquait, c'était, indépendamment de l'inévitable raideur du tube, d'une part le frottement de la paroi sur la table et, d'autre part, la fixation des extrémités du tuyau pour utiliser les réflexions de l'onde propagée. Encore que petite, la valeur de ce deuxième terme est dans tous les cas plus sensible que celui dû à la tension superficielle de l'eau dans le mouvement de l'onde solitaire dans un canal découvert et dont D.-J. Korteweg et G. de Vries ont cru devoir faire état pour le cas de faibles profondeurs ([1]).

L'équation précédente sert de point de départ pour résoudre le problème de la charge voyageuse de Philipps, et il est évident que le cheminement d'une intumescence le long d'un tube élastique est tout à fait analogue au déplacement uniforme d'une charge le long d'une poutre droite. Les difficultés énormes que présente l'étude de ce dernier phénomène ne laissent pas espérer qu'on tire grand secours de l'analogie signalée. Il semble qu'il faudra se contenter de faire, dans l'hypothèse de l'indépendance des anneaux, le calcul de R en fonction de x et de t, pour substituer ensuite dans l'expression de Φ, à utiliser en vue d'obtenir une approximation plus élevée, cette première valeur de R à la recherche de laquelle sera consacré le Chapitre suivant.

XII. — Propagation des ondes de translation à l'intérieur d'un tuyau élastique.

Les ondes engendrées par E.-H. Weber dans un fluide incompressible au repos remplissant un tuyau en caoutchouc vulcanisé

([1]) D.-J. KORTEWEG et G. DE VRIES, *London, Edinburgh and Dublin Philosophical Magazine and Journal of Science*, Vol. 39, 5ᵉ série, mai 1895, p. 422-444.

ne sont pas des ondes périodiques, mais bien des intumescences ou des dépressions très analogues à l'onde solitaire engendrée dans un canal rectangulaire à eau stagnante par une projection d'eau unique et rapide. L'eau refoulée par la compression brusque d'une portion terminale du tuyau fermé aux deux bouts y joue le rôle de l'eau ajoutée au canal. Dans ces conditions, la célérité calculée ne peut être considérée que comme une première approximation de la célérité mesurée. Nous avons cru qu'avant de comparer le résultat expérimental à la formule théorique, il y avait lieu de reprendre complètement la question [1], en nous inspirant de la belle étude donnée par M. Boussinesq en 1871 pour les ondes de translation des canaux et qui lui a permis de rendre un compte très précis de toutes les observations de Scott Russell et de Bazin [2].

Considérons un tuyau horizontal en caoutchouc, rempli d'eau et de longueur quasi indéfinie ; le liquide est supposé en repos au moment où l'onde considérée l'atteint. Les variations de la pression aux divers points d'une section normale par le fait de la pesanteur étant insignifiantes, eu égard à la grandeur de la pression moyenne du fluide à l'état de repos, nous regarderons le tuyau comme restant de révolution autour de son axe initial, et nous étudierons la déformation de sa section méridienne.

Prenons pour axe Ox l'axe du tuyau censé indéfini, dans le sens de la propagation des ondes ; soient R_0 le rayon initial du tuyau, R le rayon de la section d'abscisse x à l'instant t, u et w les composantes, au même instant, de la vitesse en un point M d'abscisse x et distant de r de Ox, composantes prises suivant Ox et suivant la normale émanant de Ox vers M.

L'onde de Weber a pour caractères distinctifs :

1° De produire, au moment de son passage dans une section, des vitesses presque identiques, en sorte que u et $\frac{\partial u}{\partial x}$ varient peu avec r ;

2° De parcourir de grands espaces avec une vitesse de propagation constante et sans altération notable : par suite, ω étant cette

<hr>

[1] A. BOULANGER, C. R. Acad. Sc., 11 décembre 1905, t. CXLI, p. 1001.
[2] J. BOUSSINESQ, C. R. Acad. Sc., 19 juin et 24 juillet 1871, t. LXXII, p. 755 et t. LXXIII, p. 256.

vitesse, u et w sont des fonctions de $x - \omega t$ et de r ; de plus, la longévité de l'onde dénote que les frottements sont sans influence bien sensible et l'on est donc en droit, pour la mise en équations de ce phénomène, de se servir des équations de l'Hydrodynamique rationnelle.

Les composantes u et w étant nulles autour de chaque molécule avant que l'intumescence l'atteigne, en vertu d'un théorème bien connu de Lagrange et de Cauchy, elles seront, à tout instant, les dérivées partielles par rapport à x et r d'une fonction φ de x, r et t, et l'équation dite de *continuité* du fluide supposé incompressible s'écrit

$$\frac{\partial^2 \varphi}{\partial x^2} + \frac{1}{r}\frac{\partial}{\partial r}\left(r\frac{\partial \varphi}{\partial r}\right) = 0.$$

Soit φ_0 la valeur de φ sur l'axe du tube ; comme par symétrie w ou $\dfrac{\partial \varphi}{\partial r}$ est nulle sur l'axe, on a successivement

$$\int_0^r r\frac{\partial^2 \varphi}{\partial x^2}\,dr + r\frac{\partial \varphi}{\partial r} = 0,$$

$$\varphi = \varphi_0 - \int_0^r \frac{dr}{r}\int_0^r r\frac{\partial^2 \varphi}{\partial x^2}\,dr.$$

Cette relation permet d'obtenir aisément le développement de φ suivant les puissances de r, par approximations successives. Comme $\dfrac{\partial \varphi}{\partial x}$ diffère peu de sa valeur sur l'axe $\dfrac{\partial \varphi_0}{\partial x}$, on prendra d'abord

$$\varphi = \varphi_0 - \frac{r^2}{2^2}\frac{\partial^2 \varphi_0}{\partial x^2};$$

puis on substituera cette valeur approchée sous le signe de sommation, ce qui donnera

$$\varphi = \varphi_0 - \frac{r^2}{2^2}\frac{\partial^2 \varphi_0}{\partial x^2} + \frac{r^4}{2^2\,4^2}\frac{\partial^4 \varphi_0}{\partial x^4};$$

en continuant ainsi, il viendra

$$\varphi = \varphi_0 - \frac{r^2}{2^2}\frac{\partial^2 \varphi_0}{\partial x^2} + \frac{r^4}{2^2\,4^2}\frac{\partial^4 \varphi_0}{\partial x^4} - \frac{r^6}{2^2\,4^2\,6^2}\frac{\partial^6 \varphi_0}{\partial x^6} + \cdots$$

et ce développement sera convergent moyennant certaines conditions de croissance des dérivées de φ_0, qu'on suppose réalisées.

Cela posé, la pression en un point sera donnée par l'équation dite des *forces vives*,

$$\frac{p}{\rho} + \frac{1}{2}\left[\left(\frac{\partial\varphi}{\partial x}\right)^{2} + \left(\frac{\partial\varphi}{\partial r}\right)^{2}\right] + \frac{\partial\varphi}{\partial t} = \mathcal{F}(t),$$

$\mathcal{F}$ étant une fonction du temps indéterminée pour le moment. Nous allons appliquer cette équation à **un élément périphérique quelconque** et à un élément analogue très éloigné non encore atteint par l'intumescence (où R a sa valeur R_0 de l'état naturel et où φ_0 ainsi que ses dérivées sont nulles), et retrancher membre à membre les équations obtenues.

Soit a la pression périphérique à l'état naturel, le rayon étant R_0 ; la variation $p_0 - a$ de cette pression en un point correspond à un accroissement $r = R - R_0$ du rayon ; si donc e et $\mathcal{E}$ désignent l'épaisseur du tube et le coefficient d'élasticité des fibres circulaires, on a

$$p_0 - a = \frac{\mathcal{E}e}{R_0^{2}}(R - R_0);$$

de plus, pour mettre en compte la conservation des volumes dans le caoutchouc (§ 11, n° 3), il convient de multiplier l'expression précédente par $1 - \frac{\tau}{4}$, en posant $\tau = \frac{R^2 - R_0^2}{R_0^2}$. Introduisons la célérité de Weber $\Omega = \sqrt{\dfrac{\mathcal{E}e}{2\rho R_0}}$ et nous aurons, suivant l'hypothèse envisagée,

$$p_0 - a = \Omega^2\rho\tau\left(1 - \frac{\tau}{4}\right) \qquad \text{ou} \qquad p_0 - a = \Omega^2\rho\tau\left(1 - \frac{\tau}{2}\right).$$

Le calcul indiqué conduit alors, suivant le cas, à la première équation fondamentale

$$(\mathrm{I})\quad
\begin{cases}
\Omega^2\tau\left(1 - \dfrac{\tau}{4}\right) \\[2ex]
\text{ou} \\[2ex]
\Omega^2\tau\left(1 - \dfrac{\tau}{2}\right) + \dfrac{1}{2}\left[\dfrac{\partial\varphi_0}{\partial x} - \dfrac{R_0^2(1+\tau)}{2^2}\dfrac{\partial^3\varphi_0}{\partial x^3} + \dots\right]^2 \\[2ex]
\qquad + \dfrac{1}{2}\left(-\dfrac{1}{2}\dfrac{\partial^2\varphi_0}{\partial x^2} + \dots\right)^2 R_0^2(1+\tau) \\[2ex]
\qquad\qquad + \dfrac{\partial\varphi_0}{\partial t} - \dfrac{R_0^2(1+\tau)}{2^2}\dfrac{\partial^3\varphi_0}{\partial x^2\,\partial t} + \dots = 0.
\end{cases}$$

Exprimons, d'autre part, qu'une molécule superficielle ne quitte pas la surface du tube. Si U et W sont les composantes de sa vitesse, quand t croît de dt, x de Udt, R varie de Wdt ; donc

$$W\,dt = \frac{\partial R}{\partial t}\,dt + \frac{\partial R}{\partial x}\,U\,dt,$$

ou encore, en multipliant $\frac{\partial R}{R_0^2}$,

$$\frac{2\,WR}{R_0^2} = \frac{\partial \tau}{\partial t} + \frac{\partial \tau}{\partial x}\,U.$$

Remplaçons W et U par les valeurs de $\frac{\partial \varphi}{\partial r}$ et $\frac{\partial \varphi}{\partial x}$ pour $r = R$, et nous aurons

$$(\text{II}) \quad \left\{ \begin{aligned} &- (1 + \tau) \frac{\partial^2 \varphi_0}{\partial x^2} + \frac{R_0^2}{2.4}(1 + \tau)^2 \frac{\partial^4 \varphi_0}{\partial x^4} - \ldots \\ &= \frac{\partial \tau}{\partial t} + \frac{\partial \tau}{\partial x}\left[\frac{\partial \varphi_0}{\partial x} - \frac{R_0^2}{2^2}(1 + \tau)\frac{\partial^3 \varphi_0}{\partial x^3} + \ldots \right]. \end{aligned} \right.$$

Il nous suffira d'éliminer la fonction φ_0 entre les équations (I) et (II) pour obtenir l'équation aux dérivées partielles qui définira la fonction τ de x et de t, c'est-à-dire la loi de déformation de la surface mouillée du tube. A cet effet nous procéderons par approximations successives.

Première approximation. — Si nous observons que

$$\frac{\partial \varphi_0}{\partial t} = - \omega\,\frac{\partial \varphi_0}{\partial x}$$

et si nous négligeons le carré de la vitesse sur l'axe $u_0 = \frac{\partial \varphi_0}{\partial x}$ et celui de τ devant u_0 et τ, l'équation (I) se réduira à

$$(\text{I}') \qquad \Omega^2 \tau + \frac{\partial \varphi_0}{\partial t} = 0 ;$$

de même, eu égard à (I'), si nous négligeons dans (II) les termes petits au regard de $\frac{\partial^2 \varphi_0}{\partial x^2}$, nous aurons

$$(\text{II}') \qquad \frac{\partial^2 \varphi_0}{\partial x^2} + \frac{\partial \tau}{\partial t} = 0.$$

Ces équations montrent que τ et u_0 satisfont à la même équation

$$\frac{\partial^2(\tau,\, u_0)}{\partial t^2} = \Omega^2 \frac{\partial^2(\tau,\, u_0)}{\partial x^2}.$$

L'intégration est immédiate. Supposons l'origine placée de manière que, pour $t = 0$, les ondes n'aient pas encore envahi les sections à abscisses positives, et notons que u_0 est nulle pour $x = \infty$, où $R = R_0$. Nous aurons

$$\tau = F(x - \Omega t), \qquad u_0 = \Omega \tau.$$

La déformation du tuyau se propage avec la vitesse $\omega = \Omega$ calculée par Weber.

Seconde approximation. — Reprenons les équations (I) et (II) en y conservant les termes de l'ordre de petitesse immédiatement supérieur et en les estimant d'après les valeurs de première approximation, c'est-à-dire en y tenant compte de (I'), de (II') et de $\frac{\partial \varphi_0}{\partial x} = \Omega \tau$. Il vient ainsi

$$(\text{I}'') \qquad \Omega^2 \tau + \frac{\partial \varphi_0}{\partial t} + \alpha \Omega^2 \tau^2 + \frac{R_0^2 \Omega^2}{4} \frac{\partial^2 \tau}{\partial x^2} = 0,$$

$$(\text{II}'') \qquad \frac{\partial^2 \varphi_0}{\partial x^2} + \frac{\partial \tau}{\partial t} + \Omega \frac{\partial \tau^2}{\partial x} - \frac{R_0^2 \Omega}{8} \frac{\partial^3 \tau}{\partial x^3} = 0,$$

avec $\alpha = \frac{1}{4}$ ou 0. Dérivons la seconde équation par rapport à t, en remplaçant pour les termes de seconde approximation cette opération par $-\Omega \frac{\partial}{\partial x}$. Il vient

$$\frac{\partial^3 \varphi_0}{\partial x^2 \partial t} + \frac{\partial^2 \tau}{\partial t^2} + \Omega^2 \frac{\partial^2}{\partial x^2}\left(\frac{R_0^2}{8} \frac{\partial^2 \tau}{\partial x^2} - \tau^2 \right) = 0,$$

et alors l'élimination de φ_0 entre cette équation et (I'') est immédiate; elle donne

$$\frac{\partial^2 \tau}{\partial t^2} - \Omega^2 \frac{\partial^2 \tau}{\partial x^2} - \Omega^2 \frac{\partial^2}{\partial x^2}\left(\alpha \tau^2 + \frac{R_0^2}{4} \frac{\partial^2 \tau}{\partial x^2} \right) + \Omega^2 \frac{\partial^2}{\partial x^2}\left(\frac{R_0^2}{8} \frac{\partial^2 \tau}{\partial x^2} - \tau^2 \right) = 0,$$

ou

$$(\text{A}) \qquad \frac{\partial^2 \tau}{\partial t^2} - \Omega^2 \frac{\partial^2 \tau}{\partial x^2} - \Omega^2 \frac{\partial^2}{\partial x^2}\left(\frac{R_0^2}{8} \frac{\partial^2 \tau}{\partial x^2} + (1 + \alpha) \tau^2 \right) = 0.$$

Posons

$$H = \frac{\partial \tau}{\partial t} + \Omega \frac{\partial \tau}{\partial x} + \frac{1}{2} \Omega \frac{\partial}{\partial x}\left[\frac{R_0^2}{8} \frac{\partial^2 \tau}{\partial x^2} + (1 + \alpha) \tau^2 \right].$$

L'équation précédente entraîne

$$\frac{\partial \Pi}{\partial t} - \Omega \frac{\partial H}{\partial x} = 0,$$

en remplaçant $\frac{\partial^2}{\partial x \partial t}$ par $-\Omega \frac{\partial^2}{\partial x^2}$. Par suite, $\Pi = \Phi(x + \Omega t)$. Or, pour $t = 0$ et $x > 0$, τ et ses dérivées sont nulles. Donc $\Phi \equiv 0$. Ainsi

$$(B) \qquad \frac{\partial \tau}{\partial t} + \Omega \frac{\partial \tau}{\partial x} + \frac{1}{2} \Omega \frac{\partial}{\partial x}\left[\frac{R_0^2}{8} \frac{\partial^2 \tau}{\partial x^2} + (1 + \alpha)\tau^2\right].$$

Cette équation se transforme en introduisant la notion de *célérité* de propagation de l'intumescence, vitesse fictive ω d'une tranche qui se déplace en laissant devant elle un volume constant de fluide ; si l'on exprime que le volume $\pi R_0^2 \int_x^\infty \tau\, dx$ ne change pas quand t varie de dt et x de ωdt, on obtient

$$\int_x^\infty \frac{\partial \tau}{\partial t}\, dx - \tau\omega = 0.$$

L'équation (B) fait alors connaître la valeur de ω ; il suffit de la multiplier par dx et d'intégrer de x à ∞, en observant que, pour $x = \infty$, τ et ses dérivées sont nulles. Il vient

$$\frac{\omega}{\Omega} = \frac{R_0^2}{16\tau} \frac{\partial^2 \tau}{\partial x^2} + \frac{1 + \alpha}{2} \tau + 1.$$

Nous nous bornerons à utiliser cette équation à la recherche des ondes de translation dont toutes les parties se propagent également vite, sans aucune déformation apparente ; pour elles, ω sera constant. Soit $\omega = \Omega(1 + a)$; nous aurons successivement

$$R_0^2 \frac{\partial^2 \tau}{\partial x^2} + 8(1 + \alpha)\tau^2 - 16 a\tau = 0,$$

$$R_0^2 \left(\frac{\partial \tau}{\partial x}\right)^2 + \frac{16}{3}(1 + \alpha)\tau^3 - 16 a\tau^2 = 0,$$

en notant que, très loin, τ et $\frac{\partial \tau}{\partial x}$ sont nuls.

Le premier terme étant essentiellement positif, le maximum de τ sera $\tau_1 = \frac{3a}{1 + \alpha}$. L'onde à forme constante ne pourra être qu'une intumescence ou onde positive de Weber, ayant un profil analogue à celui de l'onde solitaire des canaux.

On déterminera le paramètre a d'après le volume Q de l'intumescence ou d'après la longueur l écrasée du tube ; en observant que le profil de l'intumescence, défini par l'équation

$$ \mathrm{R}_0^2 \left(\frac{\partial \tau}{\partial x} \right)^2 = \frac{16(1+\alpha)}{3} \tau^2(\tau_1 - \tau), $$

est symétrique par rapport à la tranche d'aire maximale $(\tau = \tau_1)$, il vient

$$ \mathrm{Q} = \pi \mathrm{R}_0^2 l = 2 \int_{\tau_1}^{0} \pi(\mathrm{R}^2 - \mathrm{R}_0^2) \frac{d\tau}{\left(\frac{\partial \tau}{\partial x} \right)} = \pi \mathrm{R}_0^3 \frac{\sqrt{3}}{2\sqrt{1+\alpha}} \int_0^{\tau_1} \frac{d\tau}{\sqrt{\tau_1 - \tau}}, $$

ou

$$ \frac{l^2}{\mathrm{R}_0^2} = \frac{3}{1+\alpha} \tau_1 = \left(\frac{3}{1+\alpha} \right)^2 a. $$

Ainsi l'expression de la célérité est

$$ \omega = \Omega \left[1 + \left(\frac{1-\alpha}{3} \right)^2 \frac{l^2}{\mathrm{R}_0^2} \right]. $$

La mise en compte de la réduction d'épaisseur de la section de chaque anneau élémentaire de caoutchouc, en raison de l'augmentation momentanée du rayon intérieur, et du contour, provoquée par l'intumescence, en admettant la conservation du volume dans ce corps infiniment moins compressible que déformable, fait passer α de $\frac{1}{4}$ à o, et réduit le coefficient de $\frac{l^2}{\mathrm{R}_0^2}$ de $\frac{25}{144}$ à $\frac{1}{9}$, avec un écart de $\frac{1}{16}$. La valeur la plus vraisemblable $\alpha = $ o donne

$$ \omega = \Omega \left(1 + \frac{1}{9} \frac{l^2}{\mathrm{R}_0^2} \right), $$

et l'équation du profil s'écrit alors

$$ \mathrm{R}^2 = \mathrm{R}_0^2 + \frac{l^2}{3} \operatorname{séc hyp}^2 \frac{4l}{3\mathrm{R}_0^2} (x - \omega t). $$

Il est difficile de comparer le résultat concernant ω aux observations de Weber, car cet expérimentateur ne comprimait pas complètement le tuyau pour éviter l'adhérence des parois, en vue de la production subséquente d'une onde négative ou de dépression : la valeur de l n'est donc pas connue. Il convient donc de reprendre la question avec la précision que comportent les appareils actuels, en refoulant par exemple l'eau au moyen d'un piston.

Essayons enfin d'examiner l'influence de l'inertie, de la raideur et de la flexion du tube. Nous avons trouvé (§ XI, n° 4), moyennant une assimilation naturelle, qu'elle se traduisait par une force normale à l'axe Ox, ayant pour mesure par unité de masse de la paroi

$$\Phi = \frac{\partial^2 R}{\partial t^2} - \frac{\mathfrak{T}}{\rho_c} \frac{\partial^2 R}{\partial x^2} + \frac{E' e^2}{12\,\rho_c} \frac{\partial^4 R}{\partial x^4},$$

ρ_c étant la densité du caoutchouc (pour éviter la confusion avec ρ, désignant ici la densité du fluide). Cette action équivaut à une pression de la paroi sur le fluide, $\rho_c e\Phi$, ou, en remplaçant $\frac{\partial^2 R}{\partial t^2}$ par $\Omega^2 \frac{\partial^2 R}{\partial x^2}$ et R par $R_0 \left(1 + \frac{\tau}{2}\right)$,

$$\frac{R_0 e}{2}\,(\Omega^2 \rho_c - \mathfrak{T}) \frac{\partial^2 \tau}{\partial x^2} + \frac{E' e^3 R_0}{24} \frac{\partial^4 \tau}{\partial x^4}.$$

Le premier membre de l'équation (I) se trouverait accru du quotient de cette quantité par ρ, le premier terme étant d'ailleurs seul comparable à ceux que nous avons conservés en seconde approximation. Posons

$$\frac{R_0 e}{2}\,(\Omega^2 \rho_c - \mathfrak{T}) = \frac{R_0^2 \Omega^2}{8}\,\rho m, \qquad \text{ou} \qquad m = 8\,\frac{\Omega^2 \rho_c - \mathfrak{T}}{\mathfrak{C}}.$$

Le dernier terme de l'équation (I″) se trouve multiplié par $1 + \frac{m}{2}$, et, par suite, le terme en $\frac{\partial^2 \tau}{\partial x^2}$ de la dernière parenthèse de l'équation (A) par $1 + m$. Dans l'ignorance où nous sommes des petites variations possibles de τ, considérons cette tension comme constante ; m est alors un nombre fixe. L'expression de $\frac{\omega}{\Omega}$ et les deux équations qui s'en déduisent subsistent à cela près que le premier terme est multiplié par $1 + m$. Les calculs suivants conduisent à une nouvelle expression de $\frac{l^2}{R^2}$ obtenue en multipliant l'ancienne par $1 + m$, en sorte que

$$\omega = \Omega \left[1 + \frac{1}{9(1 + m)} \frac{l^2}{R_0^2} \right].$$

En résumé, la célérité des intumescences de forme invariable a pour mesure

$$\omega = \Omega \left(1 + \frac{1}{\lambda} \frac{l^2}{R_0^2} \right),$$

λ étant un coefficient numérique pour l'évaluation duquel on en est réduit à l'expérience : on détermine à cet effet les valeurs de ω correspondant à diverses grandeurs l de la portion écrasée du tube.

XIII. — Extinction de l'onde solitaire de Weber.

Dans la réalité, les intumescences de Weber ne restent pas indéformables ; elles subissent une lente réduction de diamètre à mesure qu'elles cheminent et leur vitesse de propagation se ralentit graduellement.

Cet amortissement est dû à l'influence des résistances de frottement, localisées, comme on sait, dans une mince couche, contiguë à la paroi, où les vitesses longitudinales varient très rapidement, sur une épaisseur insensible, depuis la valeur zéro, jusqu'à une certaine valeur U_0.

Pour en faire l'étude, il convient préalablement de calculer, abstraction faite de ces frottements, l'énergie d'une onde invariable de Weber, somme de la demi-force vive actuelle du fluide et du travail que produirait l'intumescence en s'aplatissant complètement sous la pression de l'enveloppe.

L'énergie actuelle a pour expression

$$\int_{-\infty}^{+\infty} dx \int_0^R \frac{1}{2} \cdot 2 \pi r \, dr \, (u^2 + w^2),$$

ou, si l'on néglige w^2 devant u^2 et si l'on remplace u par sa valeur approchée $\Omega \tau$,

$$\frac{\rho \pi R_0^2 \Omega^2}{2} \int_{-\infty}^{+\infty} \tau^2 \, dx \int_0^R d\left(\frac{r^2}{R_0^2} \right), \qquad \text{ou} \qquad \frac{\rho \pi R_0^2 \Omega^2}{2} \int_{-\infty}^{+\infty} \tau^2 \, dx,$$

τ^3 étant négligé devant τ^2.

L'énergie potentielle ou de ressort, qui est, pour chaque tranche, le travail que produirait, dans sa contraction, la partie variable,

B.

seule active de la pression, $\dfrac{\mathcal{E}c\,(R - R_0)}{R_0^2}$, a pour valeur

$$\int_{-\infty}^{+\infty} dx \int_{R_0}^{R} 2\pi R \frac{\mathcal{E}\,c(R - R_0)}{R_0^2}\, dR,$$

ou, en remplaçant $\mathcal{E}c$ par $2\rho\,R_0\,\Omega^2$ et en ne gardant que le premier terme $\frac{1}{2}\,R_0\tau$ de $R - R_0$,

$$\frac{\rho\pi\,R_0^2\,\Omega^2}{2} \int_{-\infty}^{+\infty} \tau^2\, dx.$$

Ainsi l'énergie totale de l'intumescence est

$$\mathcal{E} = \rho\pi\,R_0^2\,\Omega^2 \int_{-\infty}^{+\infty} \tau^2\, dx.$$

Nous pouvons l'écrire

$$\mathcal{E} = 2\rho\pi\,R_0^2\,\Omega^2 \int_{\tau_1}^{0} \tau^2\, \frac{d\tau}{\left(\dfrac{\partial\tau}{\partial x}\right)},$$

ou, en recourant à l'expression de l calculée plus haut,

$$\frac{\mathcal{E}}{l} = \rho\pi\,R_0^2\,\Omega^2 \left(\int^{\tau_1} \frac{\tau\,d\tau}{\sqrt{\tau_1 - \tau}} : \int_0^{\tau_1} \frac{d\tau}{\sqrt{\tau_1 - \tau}} \right) = \frac{2}{3}\,\rho\pi\,R_0^2\,\Omega^2\,\tau_1 ;$$

si enfin nous observons que $\dfrac{l^2}{R_0^2}$ a pour expression modifiée $3\,(1 + m)\,\tau_1$ ou $\dfrac{\lambda}{3}\,\tau_1$, nous obtenons

$$\mathcal{E} = \frac{1}{\lambda}\,2\pi\rho\,\Omega^2\,l^3.$$

La valeur de $\mathcal{E}$ caractérise, tout comme celle de l, une onde solitaire de Weber, et le profil, la vitesse de propagation, le maximum de dilatation radiale s'expriment de suite en fonction de $\mathcal{E}$ au lieu de l. De plus, on reconnaîtrait, en suivant la méthode donnée par M. Boussinesq à l'occasion de l'onde solitaire des canaux, que, parmi les intumescences ayant une énergie donnée, l'onde solitaire présente une forme stable.

Nous nous proposons de chercher la loi du lent décroissement de l'énergie d'une onde sous l'influence de l'action de la paroi [1].

---

[1] A. Boulanger, *C. R. Acad. Sc.*, t. CXLII, 12 février 1906, p. 388.

L'étude générale des perturbations introduites par les parois dans leur voisinage immédiat a été faite par M. Boussinesq [1]. Nous lui emprunterons le résultat suivant relatif à l'amortissement des longues intumescences.

Soit $U_0 = F(t)$ la vitesse qu'on aurait à la paroi s'il n'y avait pas de frottements. Les frottements intérieurs développés par la variation rapide de vitesse près de la paroi détruisent, pendant le temps dt, une quantité d'énergie égale à

$$2\sqrt{\frac{\rho\varepsilon}{\pi}}\int_{-\infty}^{+\infty} F\left(t - \frac{x}{\omega}\right) dx \int_0^{\infty} F'\left(t - \frac{x}{\omega} - v^2\right) dv,$$

par unité de longueur de contour du tuyau (au facteur dt près); ω désigne la vitesse de propagation et ε le coefficient de frottement intérieur du fluide (pour l'eau, $\varepsilon = 0,0144$ unité C. G. S. à la température de $25°$, d'après KOENIG, *Wied. Ann.*, 1887).

Comme l'expression de l'énergie de l'onde par unité de longueur de contour peut d'autre part s'écrire, la vitesse étant sensiblement la même à travers toute section transversale et réductible à sa composante longitudinale $F\left(t - \frac{x}{\omega}\right)$,

$$\frac{\mathfrak{E}}{2\pi R_0} = \frac{\rho R_0}{2}\int_{-\infty}^{+\infty} u^2\, dx = \frac{\rho R_0}{2}\int_{-\infty}^{+\infty} F^2\left(t - \frac{x}{\omega}\right) dx;$$

l'équation du mouvement amorti s'écrira

$$\frac{d\mathfrak{E}}{\mathfrak{E}} = -\frac{2}{\rho R_0}\varepsilon_1\, dt,$$

en posant

$$\varepsilon_1 = 2\sqrt{\frac{\rho\varepsilon}{\pi}}\int_0^{\infty} dv\, \frac{\displaystyle\int_{-\infty}^{+\infty} F(\sigma)\, F'(\sigma - v^2)\, d\sigma}{\displaystyle\int_{-\infty}^{+\infty} F^2(\sigma)\, d\sigma}$$

[1] J. BOUSSINESQ, *Complément à une étude intitulée : « Essai sur la théorie des eaux courantes » et à un Mémoire « Sur l'influence des frottements sur les mouvements réguliers des fluides »* (Journal de Mathématiques pures et appliquées, 3ᵉ série, t. IV, 1878, p. 335-376; § 2 : *Influence du frottement extérieur sur le coefficient d'extinction des ondes périodiques ou non périodiques, quand les mouvements sont bien continus*, p. 346-366). — *Sur les déformations et l'extinction des ondes aériennes propagées dans un tuyau de conduite sans eau* (Journal de Physique, 2ᵉ série, t. X, 1891, p. 301-332).

$\left(\text{on a fait le changement de variable } \sigma = t - \dfrac{x}{\omega}, \text{ en sorte que}\right.$

$\left. d\sigma = -\dfrac{dx}{\omega}\right).$

C'est dans la détermination de ce coefficient ε_1 qu'est incluse la difficulté de l'étude de l'affaiblissement graduel des intumescences. Sa connaissance peut d'ailleurs être aussi utile pour l'extinction de l'onde solitaire des canaux, des ondes aériennes isolées propagées à l'intérieur de tuyaux.

Nous prendrons comme vitesse à la paroi $U_0 = \Omega\tau$, τ étant défini en fonction de t par la relation

$$\left(\frac{\partial\tau}{\partial t}\right)^2 = p^2\tau^2\left(1 - \frac{\tau}{\tau_1}\right) \qquad \text{où} \qquad p^2 = \frac{16(1+\alpha)\tau_1}{3(1+m)}\frac{\omega^2}{R_0^2};$$

mise sous la forme

$$\left[\frac{\partial}{\partial t}\left(\frac{\tau_1}{\tau}\right)\right]^2 = p^2\left[\left(\frac{\tau_1}{\tau} - \frac{1}{2}\right)^2 - \frac{1}{4}\right],$$

elle s'intègre immédiatement et donne, avec un choix convenable de l'origine du temps,

$$\frac{\tau_1}{\tau} = \frac{1}{2}(1 + \operatorname{ch} pt) = \operatorname{ch}^2\frac{pt}{2}.$$

Ainsi nous partirons de

$$F(t) = \frac{\Omega\tau_1}{\operatorname{ch}^2\dfrac{pt}{2}} = \Omega\tau_1\frac{e^{pt}}{(e^{pt}+1)^2}.$$

Posons $pt = \varphi$, $p\gamma^2 = n^2$, $H(\varphi) = \dfrac{e^\varphi}{(e^\varphi+1)^2}$, et changeons t en σ; nous aurons

$$F(\sigma) = \Omega\tau_1 H(\varphi), \qquad F'(\sigma - \gamma^2) = \Omega\tau_1 p\, H'(\varphi - n^2),$$

$$\varepsilon_1 = 2\sqrt{\frac{\rho\varepsilon}{\pi}}\sqrt{p}\int_0^\infty dn\frac{\displaystyle\int_{-\infty}^{+\infty} H(\varphi)\,H'(\varphi - n^2)\,d\varphi}{\displaystyle\int_{-\infty}^{+\infty} H^2(\varphi)\,d\varphi},$$

avec

$$p = \frac{4(1+\alpha)}{3(1+m)}\frac{l\omega}{R_0^2} = \frac{12\,l\omega}{\lambda R_0^2}.$$

En prenant pour variable $e^\varphi + 1$ d'une part, et $e^\varphi + e^{n^2}$ d'autre part, on obtient par l'intégration de différentielles rationnelles bien simples, et en posant $e^{n^2} = 1 + u$:

$$\int_{-\infty}^{+\infty} H^2(\varphi)\, d\varphi = \frac{1}{6},$$

$$\int_{-\infty}^{+\infty} H(\varphi)\, H'(\varphi - n^2)\, d\varphi$$

$$= \frac{(1+u)(6+6u+u^2)}{u^4}\left[\mathrm{Log}(1+u) - \frac{3u(u+2)}{u^2 - 6u + 6}\right] \quad (^1).$$

Faisons dans cette dernière expression le changement de variable $u = \dfrac{2x}{1-x}$; observons que

$$dn = \frac{du}{2(1+u)\sqrt{\mathrm{Log}(1+u)}} = \frac{dx}{(1-x^2)\sqrt{\mathrm{Log}\dfrac{1+x}{1-x}}},$$

et envisageons la fonction

$$y = \frac{3-x^2}{x^4\sqrt{\mathrm{Log}\dfrac{1+x}{1-x}}}\left(\mathrm{Log}\frac{1+x}{1-x} - \frac{6x}{3-x^2}\right) = G(x).$$

Le coefficient d'amortissement ε_1 prend la forme

$$\varepsilon_1 = 2\sqrt{\frac{\rho\varepsilon}{\pi}}\sqrt{\frac{12\omega l}{\lambda R_0^2}}\,\frac{3}{4}\int_0^1 G(x)\, dx.$$

Construisons dans l'intervalle de 0 à 1 la courbe $y = G(x)$ qui part de l'origine tangentiellement à Oy, s'infléchit vers les x positifs et s'élève asymptotiquement à $x = 1$, limitant avec Ox et l'asymptote une aire finie. D'ailleurs, pour de petites valeurs de x, y se développe en série sous la forme

$$y = \sqrt{x}\left(\frac{8}{15} + \frac{116}{315}x^2 + \dots\right).$$

Voici les ordonnées d'un certain nombre de points qu'on a pu

(^{1}) On remarquera que la quantité entre crochets est la différence entre $\mathrm{Log}(1+u)$ et la quatrième réduite de son développement en fraction continue donné par Gauss. Une différence analogue entre $\mathrm{Log}\dfrac{1+u}{1-u}$ et une des réduites de son développement en fraction continue s'est présentée récemment dans une autre question d'Hydrodynamique (*Cf.* SMÉKLOFF, *C. R. Acad. Sc.*, t. CXLI, p. 1216).

reporter sur un dessin à très grande échelle, et qu'on a unis d'un
d'un trait continu. L'arc a été prolongé jusqu'à ce qu'il soit distant

Fig. 5.

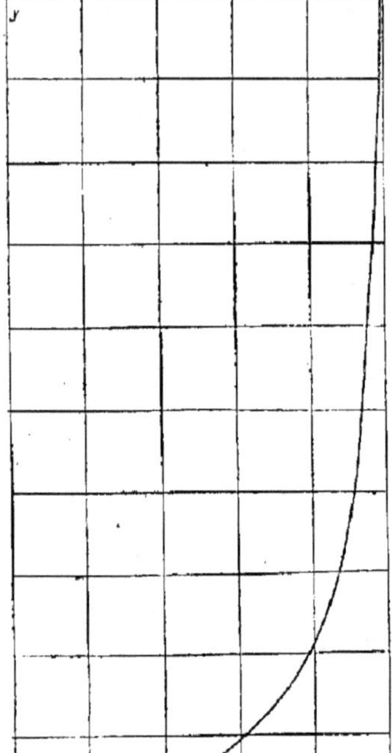

$$\text{Courbe } y = \frac{3-x^2}{x^4 \sqrt{\log\frac{1-x}{1+x}}} \left\{ \log\frac{1+x}{1-x} - \frac{6x}{3-x^2} \right\}$$

de l'asymptote de moins d'une épaisseur de trait, soit $\frac{1}{8}$ de millimètre à l'échelle adoptée, et alors x différera de 1 de moins de $\frac{1}{500}$.

x...	0,05	0,1	0,15	0,2	0,3	0,4	0,5
y...	0,00843	0,11979	0,14428	0,17346	0,22031	0,26841	0,32336

x...	0,6	0,7	0,8	0,9	0,95	0,975	0,99
y...	0,39198	0,48606	0,63484	0,93008	1,83630	2,17102	2,27352

L'aire ainsi délimitée a été estimée, par répétition, à l'aide d'un planimètre d'Amsler : la moyenne des lectures au planimètre a été de 445,33, et celle fournie par un carré de 100 divisions de côté du quadrillage a été de 994, en sorte que l'aire, en divisions carrées du quadrillage, est de 4480. Comme l'unité est représentée en abscisse et en ordonnée par 100 divisions, l'intégrale a pour valeur approchée 0,448.

On peut estimer une limite supérieure de l'erreur commise en limitant l'axe comme on l'a fait. Si l'on prend pour variable $v = 1 - x$, et si l'on majore l'expression de y aux environs de $v = 0$, on obtient

$$\text{Erreur} < \int_0^{\frac{1}{500}} \sqrt{\operatorname{Log} \frac{2}{v}}\, dv.$$

Pour $v = \dfrac{1}{500}$, $\sqrt{\log \dfrac{2}{v}} = \sqrt{\log 1000} = (1000)^{\frac{N}{2}}$ avec $N = 3,7\cdots$, le logarithme étant népérien. Donc, dans le champ considéré, on a

$$\sqrt{\operatorname{Log} \frac{2}{v}} < \left(\frac{2}{v}\right)^{\frac{1}{7,4}} < \left(\frac{2}{v}\right)^{\frac{1}{7}}.$$

Ainsi

$$\text{Erreur} < \int_0^{\frac{1}{500}} \left(\frac{2}{v}\right)^{\frac{1}{7}} dv = \sqrt[7]{10000}\, \frac{7}{6}\, \frac{1}{500} < 0,004.$$

Notre intégrale est donc comprise entre 0,448 et 0,452 : nous prendrons pour valeur 0,450 avec une erreur en plus ou en moins inférieure à deux millièmes.

Nous aurons donc enfin

$$\varepsilon_1 = 2 \sqrt{\frac{\rho \varepsilon}{\pi}} \sqrt{\frac{12 \omega l}{\lambda R_0^2}}\, 0,337.$$

Revenons maintenant à l'équation d'amortissement et à l'expression de la célérité,

$$\frac{1}{\mathfrak{C}} \frac{d\mathfrak{C}}{dt} + \frac{2\varepsilon_1}{\rho R_0} = 0, \qquad \mathfrak{C} = \frac{1}{\lambda} 2\pi\rho \Omega^2 l^3, \qquad \omega = \Omega \left(1 + \frac{l^2}{\lambda R_0^2}\right);$$

exprimons l en fonction de $\mathfrak{C}$, ou plutôt en fonction de ψ défini par

$$\mathfrak{C} = \frac{2\pi\rho \Omega^2 R_0^3 \sqrt{\lambda}}{\psi^6}.$$

Nous aurons, en observant que, dans ε_1, nous devons, au degré d'approximation admis, remplacer ω par $\Omega\lambda$

$$\omega = \Omega\left(1 + \frac{1}{\psi^4}\right), \qquad \frac{d\psi}{dt} = \frac{2\varepsilon_1}{3\rho\,\mathrm{R}_0}\,\psi = 0,45\sqrt{\frac{3\varepsilon\Omega}{\pi\rho\,\mathrm{R}_0^3\sqrt{\lambda}}}.$$

Soit l_0 la longueur écrasée du tuyau; la valeur initiale de ψ est $\psi_0 = \sqrt{\dfrac{\mathrm{R}_0\sqrt{\lambda}}{l_0}}$, et l'on a alors

$$\psi = \psi_0\left[1 + \frac{0,45}{\mathrm{R}_0^2}\sqrt{\frac{3\varepsilon\Omega l_0}{\lambda\pi\rho}}\,t\right].$$

On a par le fait la loi de décroissance de la célérité, et aussi celle de la dilatation radiale maximale, car

$$\frac{\mathrm{R}_m^2 - \mathrm{R}_0^2}{\mathrm{R}_0^2} = \tau_1 = \frac{3\,l^2}{\lambda\,\mathrm{R}_0^2} = \frac{3}{\psi^4}.$$

Ainsi, finalement, en posant $q = \dfrac{0,45}{\mathrm{R}_0^2}\sqrt{\dfrac{3\varepsilon\Omega l_0}{\lambda\pi\rho}}$, il vient

$$\omega = \Omega\left[1 + \frac{l_0^2}{\lambda\,\mathrm{R}_0^2(1+qt)^4}\right], \qquad \mathrm{R}_m = \mathrm{R}_0\left[1 + \frac{1,5\,l_0^2}{\lambda\,\mathrm{R}_0^2(1+qt)^4}\right].$$

Prenons l'exemple numérique de Weber, en admettant que $l_0 = 1,5\,\mathrm{R}_0 = 30^{\mathrm{mm}}$; on a, en unités C. G. S.,

$$\lambda = 9, \qquad \frac{\varepsilon}{\rho} = 0,013\,106, \qquad \mathrm{R}_0 = 2, \qquad l_0 = 3, \qquad \Omega = 1003, \qquad q = 0,16;$$

$$\omega = \Omega\left[1 + \frac{0,25}{(1+0,16\,t)^4}\right], \qquad \mathrm{R}_m = \mathrm{R}_0\left[1 + \frac{0,375}{(1+0,16\,t)^4}\right].$$

Il ne faut pas songer à pousser l'approximation plus loin. Par exemple, dans ε_1, garder ω au lieu de Ω reviendrait à conserver l'unité devant ψ^4, alors que, dans d'autres parties de la démonstration, on a, en somme, négligé l'unité devant ψ^2. Tenir compte dans le calcul de l'énergie du terme en τ^2 de la pression, conduirait à introduire un terme de la forme $\dfrac{1}{15}\sqrt{\dfrac{\lambda}{6}\dfrac{l^2}{\mathrm{R}_0^2}}\,\mathfrak{E}$. Or la réactivité du caoutchouc, sur laquelle nous n'avons que des indications numériques tout à fait insuffisantes, ferait figurer un terme de cet ordre de grandeur dans l'expression de l'énergie pendant le temps dt, comme on s'en rend compte en supposant dans la pression un terme de la forme $A \dfrac{\partial R}{\partial t}$, A étant une constante, soit $-\dfrac{1}{2} A R_0 \Omega \dfrac{\partial \tau}{\partial x}$: ce terme fournirait un travail, pendant le temps dt,

$$- \frac{2A}{15 R_0} \sqrt{\frac{6}{\lambda} \frac{\ell^2}{R_0^3}}\, \mathfrak{C}\, dt.$$

L'imperfection d'élasticité du caoutchouc qui se traduit par un frottement intérieur et une élasticité *ultérieure* ou réactivité, contribuerait à rendre plus rapide l'extinction des ondes, comme elle le serait aussi s'il y avait des ruptures du fluide à la paroi, avec tourbillonnements. La réaction du sol sur le tube qu'il supporte n'est pas alors tout à fait sans influence. Il importe donc de demander à l'expérience si l'approximation obtenue est insuffisante et s'il y a vraiment lieu de faire intervenir ces éléments dont l'introduction paraît toutefois devoir rendre la question presque inextricable.

XIV. — Propagation des perturbations
à travers un courant circulant dans un tuyau élastique large.

Revenons au cas présenté par les expériences de Joukowsky, où des ondes de perturbation se propagent à travers une colonne liquide animée d'un mouvement de courant uniforme, dans une conduite élastique large. Pour peu que les changements de pression ou de vitesse produits aux environs de la section initiale soient engendrés assez lentement pour permettre aux frottements ou à la pente motrice neutralisée jusque-là par ceux-ci, de prendre, pendant la propagation, une influence notable, la théorie du paragraphe X devient insuffisante. Avec les frottements interviennent les inégalités de vitesse des filets fluides, et avec l'ampleur de la section l'agitation tourbillonnaire du fluide.

Parmi les mouvements tourbillonnants et tumultueux, ou plutôt parmi les mouvements moyens locaux associés, M. Boussinesq a étudié, sous le nom de *mouvement graduellement varié* des canaux, le mode d'écoulement dans lequel la vitesse moyenne ainsi que la section normale fluide ont leurs dérivées secondes, troisièmes, etc., tant par rapport à la coordonnée longitudinale que par rapport au temps, beaucoup moins influentes que leurs dérivées premières, en sorte qu'on puisse les négliger devant celles-ci, dont on suppose d'ailleurs insensibles les carrés et les produits. Ces conditions sont encore réalisées lorsque la paroi dont on veut étudier l'influence retardatrice sur le mouvement du fluide qui la mouille, subit de petits déplacements d'une amplitude bien moindre que l'amplitude des mouvements mêmes du fluide : celui-ci possède alors, contre la paroi, une vitesse et une accélération égales à celles de la paroi même, c'est-à-dire négligeables par hypothèse en comparaison de la vitesse ou de l'accélération de la masse liquide dans le sens longitudinal. C'est précisément ce qui arrive pour les ondes propagées dans une conduite élastique et dont nous nous occupons actuellement.

Nous allons donc adapter ([1]) au problème actuel la belle théorie que M. Boussinesq a développée dans le cas d'un fluide incompressible se mouvant dans un lit cylindrique à parois rigides, en la prenant sous sa forme la plus récente et la plus simple ([2]).

Nous commencerons par établir quelques relations où intervient la *compressibilité* supposée du fluide. La densité étant variable, l'équation de continuité s'écrit

$$\frac{\partial \rho}{\partial t} + \frac{\partial(\rho u)}{\partial x} + \frac{\partial(\rho v)}{\partial y} + \frac{\partial(\rho w)}{\partial z} = 0.$$

Si donc Φ est une fonction continue de x, y, z, t ayant Φ' pour dérivée complète en t, on peut écrire

$$\rho \Phi' = \frac{\partial(\rho \Phi)}{\partial t} + \frac{\partial(\rho u \Phi)}{\partial x} + \frac{\partial(\rho v \Phi)}{\partial y} + \frac{\partial(w \Phi)}{\partial z}.$$

Remplaçons-y ρ par sa valeur donnée par la relation supplémentaire

$$\rho = \rho_0 \left(1 + \frac{p}{E_1} \right) = \rho_0(1 + \mu p),$$

([1]) Nous avons fait cette adaptation en décembre 1904, en utilisant la brève indication déjà signalée dans la Note 1 de la page 20, et renouvelée dans le Mémoire de 1878 cité dans la Note 1 de la page 95.

([2]) Exposée d'abord dans l'*Essai sur la théorie des eaux courantes* (1877), cette théorie a reçu de M. Boussinesq une forme remarquablement élégante dans deux brochures résumant des leçons de la Sorbonne et développant quelques Notes des Comptes rendus de l'Académie des Sciences, intitulées : *Théorie de l'écoulement tourbillonnant et tumultueux dans les lits rectilignes à grande section;* Paris, Gauthier-Villars, 1897-1898.

E_1 et μ désignant les coefficients d'élasticité et de compressibilité. E_1 a une valeur considérable, en sorte que μ est très petit. Multiplions l'égalité par l'élément $d\sigma$ de l'aire de la section transversale entourant le point (x, y, z) à l'instant t et intégrons à travers toute la section σ. Il vient

$$\int_\sigma (1+\mu p)\Phi' \, d\sigma = \frac{\partial}{\partial t} \int_\sigma (1+\mu p)\Phi \, d\sigma + \frac{\partial}{\partial x} \int_\sigma (1+\mu p) u \Phi \, d\sigma,$$

en supposant que l'axe de la conduite soit pris pour axe des x; les autres termes sont négligeables, eu égard aux hypothèses faites sur le mouvement graduellement varié que nous étudions ici et à la petitesse de μ. Dans cette relation nous substituerons à Φ successivement 1, u et u^2 :

1° Pour $\Phi = 1$, $\Phi' = 0$, on a, U étant la vitesse moyenne à travers la section σ,

$$0 = \frac{\partial\sigma}{\partial t} + \frac{\partial(U\sigma)}{\partial x} + \mu\left(\frac{\partial}{\partial t}\int_\sigma p \, d\sigma + \frac{\partial}{\partial x}\int_\sigma p u \, d\sigma\right).$$

A cause de la petitesse du facteur μ, nous pouvons, dans l'évaluation de la parenthèse, négliger les termes du premier ordre de petitesse et remplacer la pression p par la valeur p_0 qu'elle prend sur l'axe (dans la même tranche). Cette parenthèse prend alors la valeur $\frac{\partial(p_0\sigma)}{\partial t} + \frac{\partial(p_0\sigma U)}{\partial x}$, et nous obtenons la relation

$$(1) \qquad \frac{\partial}{\partial t}\sigma(1+\mu p_0) + \frac{\partial}{\partial x}\sigma U(1+\mu p_0) = 0.$$

2° Pour $\Phi = u$ ou $\Phi' = 1$, on a, en posant $\int_\sigma \left(\frac{u}{U}\right)^2 \frac{d\sigma}{\sigma} = 1 + \eta$, et en négligeant les termes en $\mu u'$,

$$\int_\sigma u' \, d\sigma = \frac{\partial}{\partial t}\int_\sigma (1+\mu p) u \, d\sigma + \frac{\partial}{\partial x}\int_\sigma (1+\mu p) u^2 \, d\sigma,$$

soit, en désignant par $\mathfrak{M}f$ la moyenne des valeurs de $f(x, y, z)$ sur toute l'aire σ,

$$(2) \qquad \sigma \mathfrak{M} u' = \frac{\partial}{\partial t}\sigma U(1+\mu p_0) + \frac{\partial}{\partial x}\sigma U^2(1+\eta)(1+\mu p_0).$$

3° Soit enfin $\Phi = u^2$; posons $\int_\sigma \left(\frac{u}{U}\right)^3 \frac{d\sigma}{\sigma} = \alpha$; nous aurons de même

$$\int_\sigma (u^2)'\, d\sigma = \frac{\partial}{\partial t} \int_\sigma (1 + \mu p)\, u^2\, d\sigma + \frac{\partial}{\partial x} \int_\sigma (1 + \mu p)\, u^3\, d\sigma,$$

soit

$$(3) \qquad \sigma \,\mathfrak{M}(u^2)' = \frac{\partial}{\partial t}\, \sigma U^2 (1 + \eta)(1 + \mu p_0) + \frac{\partial}{\partial x}\, \sigma U^3 \alpha (1 + \mu p_0).$$

En tenant compte de l'équation (1) qui n'est autre que l'équation de la conservation des masses, il est loisible de simplifier les expressions de $\mathfrak{M}\,u'$ et de $\mathfrak{M}(u^2)'$. Il vient

$$\mathfrak{M}\,u' = (1 + \mu p_0)\left\{ \frac{\partial U}{\partial t} + U \frac{\partial}{\partial x}\big[(1 + \eta)U\big] - \eta\, U \frac{\partial}{\partial t} \mathrm{Log}\,\sigma(1 + \mu p_0) \right\},$$

$$\mathfrak{M}(u^2)' = (1 + \mu p_0)\left[\frac{\partial}{\partial t} U^2 (1 + \eta) + U \frac{\partial}{\partial x} U^2 \alpha \right.$$
$$\left. + (1 + \eta - \alpha)\, U^2 \frac{\partial}{\partial t} \mathrm{Log}\,\sigma(1 + \mu p_0) \right],$$

et l'on en déduit enfin

$$(4) \qquad \frac{1}{U}\,\mathfrak{M}(u^2)' - \mathfrak{M}\,u'$$
$$= (1 + \mu p_0)\left[(1 + 2\eta - \alpha)\, U \frac{\partial}{\partial t} \mathrm{Log}\,\sigma(1 + \mu p_0) + (1 + 2\eta)\frac{\partial U}{\partial t} \right.$$
$$\left. + (2\alpha - \eta - 1)\frac{\partial}{\partial x}\, \frac{U^2}{2} + U^2 \frac{\partial(\alpha - \eta)}{\partial x} + U \frac{\partial \eta}{\partial t} \right].$$

Considérons maintenant les équations générales du mouvement moyen local dans le cas d'un lit sensiblement prismatique de direction Ox; elles s'écrivent (¹), ε désignant le coefficient de turbulence ou d'agitation en un point (x, y, z),

$$\frac{\partial}{\partial y}\left(\varepsilon \frac{\partial u}{\partial y} \right) + \frac{\partial}{\partial z}\left(\varepsilon \frac{\partial u}{\partial z} \right) + \rho X - \frac{\partial p}{\partial x} = \rho\, u',$$

$$\rho Y - \frac{\partial p}{\partial y} = \rho\, v', \qquad \rho Z - \frac{\partial p}{\partial z} = \rho\, w'.$$

Les deux dernières équations donnent, en remplaçant ρ par $\rho_0(1 + \mu p)$,

$$\frac{\partial}{\partial y} \mathrm{Log}(1 + \mu p) = \rho_0\, \mu (Y - v'),$$

$$\frac{\partial}{\partial z} \mathrm{Log}(1 + \mu p) = \rho_0\, \mu (Z - w');$$

(¹) J. Boussinesq, *loc. cit.*, p. 13, 22, 24.

les quantités ρ' et w' étant du second ordre de petitesse, on aura, en se déplaçant dans une section normale,

$$\mathrm{Log}\,\frac{1 + \mu\,p}{1 + \mu\,p_0} = \rho_0\,\mu\,(\mathrm{Y}\,y + \mathrm{Z}\,z).$$

Si l'on développe le premier membre en série et si l'on néglige les termes du second ordre en μ dans l'équation obtenue, il vient

$$p - p_0 + \mu\,(p^2 - p_0^2) = \rho_0\,(\mathrm{Y}\,y + \mathrm{Z}\,z).$$

Le terme en μ du premier membre sera même négligeable devant les termes conservés.

Envisageons alors la première équation. En négligeant le terme en $\mu u'$, après remplacement de ρ par $\rho_0(1 + \mu p)$, et en désignant par i l'inclinaison du tube sur l'horizon (en sorte que $\mathrm{X} = g \sin i$), cette équation s'écrit

$$(5) \qquad \frac{\partial}{\partial y}\left(\frac{z}{\rho_0 g}\,\frac{\partial u}{\partial y}\right) + \frac{\partial}{\partial z}\left(\frac{\varepsilon}{\rho_0 g}\,\frac{\partial u}{\partial z}\right) + \mathrm{I} = \frac{u'}{g}.$$

La quantité I a pour valeur

$$\mathrm{I} = (1 + \mu p)\sin i - \frac{1}{\rho_0 g}\,\frac{\partial p}{\partial x}.$$

L'angle i est petit, et l'on peut, au degré d'approximation observé, substituer p_0 à p; d'où

$$\mathrm{I} = \sin i - \frac{1}{\rho_0 g}\,\frac{\partial p_0}{\partial x}.$$

Cette quantité ne dépend que de x et de t, tout comme la pente motrice du problème des canaux à parois fixes.

Dès lors, en appliquant à l'équation (5) la suite de transformations que lui a fait subir M. Boussinesq (¹) pour ce dernier problème, on sera amené à l'équation fondamentale

$$(6) \qquad \mathrm{I} = 2b\,\frac{\mathrm{U}^2}{\mathrm{R}} + \frac{1}{g}\left[\frac{1}{\mathrm{U}}\,\mathfrak{M}(u^2)' - \mathfrak{M}\,u'\right];$$

R est le rayon de la section, U la vitesse moyenne à travers cette section et b un coefficient constant dépendant de la rugosité de

---

(¹) J. Boussinesq, *loc. cit.*, Note I, p. 24; Note II, p. 9 et p. 11-14.

la paroi, tel que si le régime devenait uniforme on aurait
$$b\mathrm{U}^2 = \frac{\mathrm{R}\sin i}{2}.$$

Nous avons ainsi obtenu entre σ, U et p_0 les deux relations (1) et (6) : dans cette dernière équation, la quantité entre crochets au second membre est fournie par l'équation (4).

Dans le second membre de (4), les coefficients $(1 + 2\eta - \alpha), \ldots,$ $(\alpha - \eta)$, η pourront être réduits à leurs valeurs à peu près constantes de régime uniforme dans les écoulements assez graduellement variés pour que les vitesses diffèrent peu de ce qu'elles sont dans ce régime, puisqu'ils sont multipliés par les dérivées de U ou de σ qui sont du premier ordre de petitesse ; les quantités négligées sont au moins du second ordre. En outre, dans les écoulements envisagés, les changements de forme de la section σ capables d'influencer les valeurs de α et η relatives au régime uniforme se produisent très lentement ; les petites parties variables de ces coefficients seront, comme celle même que contiendra le rapport $\frac{u}{\mathrm{U}}$ et d'où elles proviendront, de l'ordre des dérivées premières de U ou de σ ; et leurs dérivées en x ou en t atteindront, par suite, comme les dérivées secondes de U ou de σ, le deuxième ordre de petitesse. C'est dire qu'à une première approximation, les deux derniers termes de (4) seront négligeables. Enfin, dans le cas du mouvement uniforme à travers une section circulaire, on a (1)

$$\eta = 0,033, \qquad \alpha = 1 + 3\eta - \frac{4}{11}\eta\sqrt{\eta} = 1,097.$$

Nous emprunterons encore à la théorie de l'élasticité des solides la même relation entre la pression sur l'axe et le rayon qu'antérieurement

$$(7) \qquad p_0 = a + \frac{\mathcal{E}\,e}{\mathrm{R}_0^2}(\mathrm{R} - \mathrm{R}_0).$$

a est la pression sur l'axe du tuyau quand la section a, sur toute la longueur du tuyau, le rayon R_0 relatif à un régime uniforme de

---

(1) J. Boussinesq, *loc. cit.*, Note 1, § X ; *Essai sur la théorie des eaux courantes*, § 45 *bis* ; *voir* particulièrement notre *Hydraulique générale*, t. I, p. 292-294, Paris, Doin, 1909.

vitesse moyenne U_0, pour lequel la pente motrice est $\dfrac{2\,b\,U_0^2}{R_0}$.
Actuellement on a

$$(8) \qquad 1 = \frac{2\,b\,U_0^2}{R_0} - \frac{\mathcal{E}e}{\rho_0\,g\,R_0^2}\,\frac{\partial R}{\partial x}.$$

Nous allons maintenant appliquer ces généralités à l'étude de la
propagation des intumescences *le long d'un courant* de vitesse U_0
à l'état de régime uniforme.

Soient $R_0 + r$ et $U_0 + \mathfrak{U}$ les valeurs que prennent, dans une
tranche à un instant donné, lors du passage de l'intumescence, le
rayon de la section et la vitesse moyenne : r et $\mathfrak{U}$ sont de petites
fonctions de x et de t. Remplaçons dans les équations (1) et (6)
σ par $\pi(R_0 + r)^2$, u par $U_0 + \mathfrak{U}$, p_0 par $a + \dfrac{\mathcal{E}e}{R_0^2}\,r$, et conservons
uniquement les termes principaux dans chacune d'elles. Il vient

$$\left(\frac{2}{R_0} + \frac{\mu\,\mathcal{E}e}{R_0^2}\right)\left(\frac{\partial r}{\partial t} + U_0\,\frac{\partial r}{\partial x}\right) + \frac{\partial \mathfrak{U}}{\partial x} = 0,$$

$$\frac{\mathcal{E}e}{\rho_0\,R_0^2}\,\frac{\partial r}{\partial x} + (1 + 2\eta)\,\frac{\partial \mathfrak{U}}{\partial t} + (2\alpha - \eta - 1)\,U_0\,\frac{\partial \mathfrak{U}}{\partial x}$$
$$+ (1 + 2\eta - \alpha)\,U_0\,R_0\left(\frac{2}{R_0} + \frac{\mu\,\mathcal{E}e}{R_0^2}\right)\frac{\partial r}{\partial t} = 0.$$

Dans ces équations s'introduisent naturellement la célérité Ω de
Korteweg définie par

$$\frac{1}{\Omega^2} = \rho_0\,\mu + \frac{2\,\rho_0\,R_0}{\mathcal{E}e} = \frac{\rho_0}{\mathcal{E}_1} + \frac{\rho_0}{m\,\mathcal{E}}.$$

L'élimination de u entre ces relations est immédiate ; on dérivera
la première par rapport à x et à t, la seconde par rapport à x, et l'on
éliminera entre les équations obtenues $\dfrac{\partial^2 \mathfrak{U}}{\partial x^2}$ et $\dfrac{\partial^2 \mathfrak{U}}{\partial x\,\partial t}$. On obtiendra
ainsi

$$\Omega^2\,\frac{\partial^2 r}{\partial x^2} - (1 + 2\eta)\left(\frac{\partial^2 r}{\partial t^2} + U_0\,\frac{\partial^2 r}{\partial x\,\partial t}\right)$$
$$- (2\alpha - \eta - 1)\,U_0\left(\frac{\partial^2 r}{\partial x\,\partial t} + U_0\,\frac{\partial^2 r}{\partial x^2}\right) + (1 + 2\eta - \alpha)\,U_0\,\frac{\partial^2 r}{\partial x\,\partial t} = 0,$$

ou encore, en ordonnant,

$$(1 + 2\eta)\,\frac{\partial^2 r}{\partial t^2} + (3\alpha - \eta - 1)\,U_0\,\frac{\partial^2 r}{\partial x\,\partial t} + \left[(2\alpha - \eta + 1)\,U_0^2 - \Omega^2\right]\frac{\partial^2 r}{\partial x^2} = 0.$$

La dilatation r est donc définie par cette équation linéaire aux dérivées partielles du second ordre, à coefficients constants, immédiatement intégrable par le procédé de Dalembert ([1]).

L'équation caractéristique s'écrit, en remplaçant α en fonction de η, et en négligeant des termes très petits de l'ordre de η^2,

$$\omega^2 - 2(1 + 2\eta) U_0 \omega + (1 + 3\eta) U_0^2 - (1 - 2\eta)\Omega^2 = 0.$$

L'une des racines est supérieure à U_0, l'autre lui est inférieure. Si l'on n'envisage que les ondes descendantes (suivant les x positifs, si $U_0 > 0$), leur célérité sera au même degré d'approximation

$$\omega = U_0 + \Omega + \eta \left(2 U_0 + \frac{U_0^2 - 2\Omega^2}{2\Omega} \right).$$

On pourrait évidemment répéter ici les développements ordinaires permettant de formuler les lois qui régissent, à une première approximation, la marche des ondes de perturbation. Il ne paraît pas bien utile de le faire, pas plus que de pousser plus loin l'approximation : on y procéderait d'ailleurs en suivant la méthode indiquée par M. Boussinesq pour les ondes des canaux dans son *Essai sur la théorie des eaux courantes*. Le résultat final que nous avons obtenu serait à confronter préalablement avec l'expérience.

XV. — Dispositifs expérimentaux.

1. Reprise des expériences de Weber par la méthode d'enregistrement chronostylographique. — Tout rudimentaire qu'il fût, le dispositif de Weber a donné des résultats remarquables. Nous avons indiqué (§ XI, n° 3) la critique grave qu'on peut seulement formuler, et il semble bien que là gise tout le désaccord entre sa théorie et ses résultats d'expérience. Si, en effet, on admet pour le coefficient d'élasticité du caoutchouc vulcanisé la valeur moyenne $E = 0,1$ (kg : mm²) indiquée par H. Bouasse ([2]), on a, en appliquant la formule d'Young,

$$2R_0 = 35,5 - 8 = 27,5, \qquad c = 4, \qquad \rho = \frac{\varpi}{g} = \frac{1}{9\,800 \times 10^6},$$

$$\Omega = \sqrt{\frac{0,1 \times 4 \times 9800 \times 10^6}{27,5}} = 1190^{\text{mm}},$$

([1]) *Cf.* J. Boussinesq, *loc. cit.*, Note II, p. 23.
([2]) H. Bouasse, *Journal de Physique théorique et appliquée*, 1903, p. 490.

et ce nombre est bien voisin de celui de l'observation de Weber.

Par contre, l'expérimentation de Marey, sans valeur quantitative, donne lieu aux critiques suivantes :

1° Les tambours ne sont pas comparables, chacun comportant son retard propre de transmission et son rapport de transformation des déplacements (¹);

2° Le phénomène n'est étudié que dans la période de mise en marche et abandonné au moment où il prend un caractère régulier;

3° La vitesse de propagation présente des variations bizarres qui sont dues au moins à la non-comparabilité des tambours;

4° Les ondes sont mal réfléchies, l'obstacle n'étant réalisé que par le pincement du tuyau;

5° Les erreurs relatives sont considérables, par suite de la brièveté du parcours et du temps.

On ne parle pas des erreurs d'excentricité des leviers inscripteurs : elles peuvent être, dit-on, corrigées par l'emploi de ce qu'on appelle le *pulseur* de Deprez.

Ces imprécisions et inexactitudes montrent que les résultats ne répondent pas à la complication savante des appareils, et l'on en dira autant des travaux de tous les successeurs de Marey : malgré la variété des dispositifs réalisés et l'habileté des expérimentateurs, on ne peut citer AUCUNE expérience dont les conditions soient suffisamment définies numériquement pour permettre une confrontation avec la théorie.

Il semble pourtant aisé de perfectionner le manuel opératoire de Weber en lui conservant son caractère de simplicité et même de l'adapter à l'étude de l'amortissement de la vitesse de propagation d'une intumescence.

Indications sur les appareils : a. Explorateur-inscripteur. — Les tambours n'étant pas comparables, nous employons *un seul*

(¹) Ce n'est que récemment que l'Institut Marey s'est proposé d'étudier les appareils enregistreurs employés en Physiologie et de chercher les moyens de rendre leurs observations comparables. Il faut consulter sur ce sujet : J. ATHANASIU, *Rapport sur la Méthode graphique* présenté à l'Association de l'Institut Marey, le 3o août 1904 (*Travaux de l'Association de l'Institut Marey*, 1905, Paris, p. 29-124). Les conclusions laissent les physiologistes sceptiques.

appareil explorateur-inscripteur de Marey, construit par Ch. Verdin, et paraissant remplir les meilleures conditions pour que l'inscripteur I reproduise d'une manière exacte la forme du mouvement communiqué à l'explorateur E. Les membranes des tambours ont une élasticité aussi parfaite que possible ; celle de E est plus forte ; toutes deux ont reçu une tension en rapport avec la rapidité de leur mouvement. Le disque fixé sur I n'immobilise que le trentième de l'aire de la membrane, tandis que celui collé sur E est pris le plus grand possible. Le tube de transmission a 8^{mm} de diamètre intérieur et porte sur son trajet un diaphragme percé en mince paroi, de diamètre égal à $\frac{1}{50}$ de celui des tambours. Le levier amplificateur a un moment d'inertie réduit au minimum compatible avec sa solidité, et ses articulations sont soigneusement ajustées pour éviter tout jeu ou frottement sensible ([1]).

b. Enregistreur chronographique. — Nous utilisons un appareil classique. Le cylindre enregistreur a 25^{cm} de diamètre. Un petit moteur à air chaud le met en rotation rapide, et anime en même temps, par un système de poulies, le chariot destiné à porter les outils inscripteurs, mobile, grâce à un couple vis-écrou, parallèlement à la direction du cylindre. Un régulateur à ailettes, de Foucault, assure l'uniformité du mouvement. Le moteur tourne assez vite pour donner au papier enfumé une vitesse linéaire variant, suivant la poulie adoptée, de 1^m à 2^m par seconde : un déplacement de 1^{mm} correspond à $\frac{1}{1000}$ ou $\frac{1}{2000}$ de seconde. Le temps est inscrit au moyen d'un appareil électromagnétique Mercadier qu'actionne un diapason faisant 200 vibrations doubles par seconde. La sinuosité tracée par chaque vibration simple correspond à un déplacement de 2^{mm}, 5 à 5^{mm} : on en peut apprécier à vue le quart et estimer le temps à $\frac{1}{800}$ de seconde.

Détermination de la loi de variation du diamètre intérieur avec la pression. — Le tuyau de caoutchouc, de 11^m de longueur,

---

([1]) Pour tout ce qui concerne l'inertie et l'amplification de ce levier enregistreur, il faut consulter, au point de vue théorique : F. CELLÉRIER, *Étude sur les erreurs d'inscription des leviers enregistreurs* (*Revue de Mécanique*, janvier 1905) ; et, au point de vue technique : O. FRANK, *Prinzipien der Konstruction von Schreibhebeln* (*Zeitschrift für Biol.*, t., XLV, 1904, p. 480-496).

est posé suivant l'axe d'une suite longitudinale de planchettes horizontales soigneusement polies et vernies. Un bouchon métallique, de diamètre égal au diamètre intérieur du tuyau, bien taillé carrément à son extrémité interne, ferme une extrémité; la partie du caoutchouc qui le recouvre de 5^{cm} est maintenue par une ligature plate sur toute sa longueur. L'autre bout du tuyau est réuni par l'intermédiaire d'un robinet à un tube manométrique soigneusement calibré de 5^{m} de hauteur.

A vide, on mesure l'épaisseur et le diamètre du tuyau de caoutchouc, ainsi que sa longueur de l'armature du robinet au bouchon.

On remplit alors le tuyau de manière que l'eau affleure dans le tube au niveau du point le plus haut de l'intérieur du tuyau, ce qui ne change pas la longueur du tuyau laissé horizontal. Cette opération est des plus délicates, car il importe que des bulles d'air ne restent pas emprisonnées; elle exige un tour de main spécial.

On verse ensuite dans le tube manométrique une quantité *connue* d'eau : l'accroissement correspondant de la pression est mesuré par la hauteur h du niveau libre actuel au-dessus du précédent. Par déduction de la quantité d'eau qui forme cette colonne, on a le volume d'eau employé à dilater et à allonger le tuyau. On mesure l'allongement de celui-ci bien aligné suivant l'axe des planchettes-supports (il ira, pour h égal à environ 5^{m}, jusqu'à 20^{cm} ou 30^{cm}), et l'on pourra alors calculer l'accroissement Δd du diamètre initial d. On mesure enfin le nouveau diamètre extérieur, duquel on déduit la diminution Δe de l'épaisseur initiale e.

On répète la même suite d'opérations pour une série de valeurs croissantes de h.

On peut alors construire la courbe qui a pour ordonnée la tension annulaire par unité de surface, ou la quantité proportionnelle $\dfrac{h(d+\Delta d)}{2(e-\Delta e)}$, et pour abscisse l'allongement annulaire unitaire $\dfrac{\Delta d}{d}$. On reconnaît ainsi dans quelle limite elle est sensiblement droite, et le coefficient angulaire de la partie droite permet de calculer le coefficient d'élasticité des fibres annulaires.

On peut de plus, avec ces observations, voir que, dans cette limite, il y a conservation du volume du caoutchouc.

Mesure de la célérité d'une intumescence. — On ramène la

hauteur de charge à zéro et l'on ferme le robinet de communication.

On installe l'explorateur à 10^m du bouchon qu'on visse maintenant à la planche-support. On engendre l'intumescence par l'écrasement brusque et complet du tube à proximité du robinet, à l'aide d'un taquet de largeur connue l de l'ordre de grandeur du rayon. L'intumescence passe sous le disque de l'explorateur, va se réfléchir sur le bouchon et vient repasser sous le disque. Cette seule portion du phénomène nous intéresse. Le cylindre enregistreur fait connaître le temps écoulé entre les deux passages à l'explorateur, de la section la plus dilatée, soit le temps de parcours d'un chemin de 20^m : on en déduit la célérité ω.

En répétant la même expérience, avec une largeur différente l_1 du taquet, on obtient une célérité ω_1. La relation

$$\frac{\omega}{\omega_1} = \frac{\lambda\,d^2 + 4\,l^2}{\lambda\,d^2 + 4\,l_1^2}$$

fait connaître le coefficient λ, corrigé de la raideur ou tension du tuyau. Il est très supérieur au minimum 9 que nous avons signalé.

Recherche de la loi d'amortissement. — On installe l'explorateur successivement à $1, 2, 3, ..., n, ..., 10^m$ du bouchon où l'onde se réfléchit. Les deux passages successifs sous lui correspondent à un parcours de $2, 4, ..., 2n, ..., 20^m$.

On produit chaque fois l'intumescence par écrasement du tube, à une distance *toujours la même* de l'explorateur, avec le même taquet et dans les mêmes conditions.

On détermine l'intervalle τ_n de temps qui sépare les deux passages du bourrelet liquide, pour $n = 1, 2, ...; 10$; on en conclut la célérité $\omega_n = \dfrac{2n}{\tau_n}$ et l'on construit la courbe (ω_n, τ_n).

La courbe doit être comparée à celle qui a pour abscisse le temps τ et la vitesse moyenne $\dfrac{1}{\tau}\displaystyle\int_0^\tau \omega\,dt$, calculée à l'aide de la valeur théorique donnée au paragraphe 13 et dans laquelle λ est maintenant connu.

Les diagrammes de l'enregistreur permettent de déterminer

comment l'amortissement affecte la dilatation radiale suivant la distance.

Il conviendrait de faire la même étude d'ensemble avec au moins deux types différents de tuyaux de caoutchouc.

2. ÉTUDE DIRECTE DE L'AMORTISSEMENT; CAS D'INTUMESCENCES SE PROPAGEANT DANS UN COURANT FLUIDE. — Nous allons maintenant reprendre la méthode de Marey en renonçant à l'utilisation de la réflexion des ondes à l'extrémité du tuyau et en obviant aux critiques qui ont été formulées. Le nouveau dispositif se prêtera d'ailleurs à l'étude de la propagation d'ondes dans un courant fluide, problème qui a déjà préoccupé les Weber et à propos duquel ils ont donné leur fameux schéma de la circulation du sang. Nous renoncerons à cet effet à la transmission de Marey et lui substituerons l'enregistrement direct chronographié par étincelles électriques sur cylindres tournants, qui permet de repérer à un même instant la position de la pointe de chaque style sur le diagramme correspondant. Nous opérerons sur un tuyau de très grande longueur, les enregistreurs étant fort écartés, le premier à assez grande distance de l'endroit de production de l'intumescence pour que le phénomène ait pris un caractère régulier. Enfin, nous accroissons la précision des mesures par la scission des étincelles en groupes séparables.

Indications sur les appareils : a. Enregistreurs. — Nous avons fait construire par la maison J. Richard six enregistreurs conformes au dessin ci-joint (*fig.* 8 et 8 *bis*) : nous avons utilisé son type usuel de cylindre tournant en 6 secondes et ayant un développement de 3oo^{mm} (soit un diamètre de g3^{mm}), mais nous l'avons fait modifier; la mise en marche est provoquée par le fonctionnement d'un petit électro-aimant placé à l'intérieur du cylindre, et disposé comme l'indique la figure 7, la rupture du courant produisant l'arrêt. Nous pouvons ainsi commander la marche simultanée de tous les enregistreurs, qui d'ailleurs n'est régulière qu'au bout de deux tours, après lesquels on déclenchera la chronographie.

Le papier fixé sur les cylindres est celui qu'on emploie pour les wattmètres à enregistrement par étincelles de Siemens et Halske (Rousselle et Tournaire, concessionnaires).

8.

La dilatation radiale du tuyau est amplifiée cinq fois par un levier équilibré, dont une extrémité repose sur le tuyau par l'intermédiaire d'une étroite gouttière (reliée au levier par une vis d'horlogerie et un petit ressort de pression) et dont l'autre, munie d'une fine aiguille, est mobile devant le cylindre enregistreur.

Il importe de réduire le plus possible la masse de ce levier et de son axe (énormément trop grande sur le dessin reproduit) et d'isoler le bras qui porte la pointe réceptrice, tout comme on a isolé le cylindre du style et de l'axe porte-style.

b. Système chronographique. — Les six enregistreurs sont *disposés en tension* sur le secondaire d'une bobine d'induction, par l'intermédiaire des bornes 3 et 4 de chaque appareil (les bornes 1 et 2 servent pour le courant de mise en marche des cylindres). Un pont π à godets remplis d'eau est disposé à proximité des bornes de la bobine et permet le réglage des appareils sans qu'on soit gêné par les coups de la bobine ; on enlève la dérivation au moment où l'on veut commencer à chronographier.

Sur le primaire de la bobine d'induction, on dispose un appareil d'interruption de courant, pour lequel on ne peut prendre un simple diapason, ainsi qu'on l'a expliqué au paragraphe 8. Le système intercalé a pour principe la remarque suivante de H. von Helmholtz. Un diapason A peut être mis en vibration régulière par un électro-aimant dont le courant est fermé ou interrompu par un autre diapason B, sans qu'aucune liaison conductrice ne soit établie entre l'électro-aimant et le diapason A, si le nombre des vibrations par seconde du diapason B est un multiple du nombre analogue du diapason A.

Sur le circuit du primaire, on dispose la pile nᵒ 1, le diapason A excitable par l'électro-aimant extérieur E, le godet à mercure α, où plonge l'aiguille terminant une branche de A, et un pont P à deux godets β et γ, le tout conformément au schéma ci-après. Des interruptions du courant pourront être produites par la pointe α du diapason et les pointes β et γ du pont.

Le circuit auxiliaire d'une autre pile nᵒ 2 contient les organes qui créeront ces interruptions, à savoir : une tige B encastrée à un bout et vibrant, solidaire d'un mince tube isolant en verre renfermant la partie centrale du pont P, l'électro-aimant voisin E, exci-

tateur de la tige et celui E du diapason. Du pôle négatif de la pile
partent deux dérivations a et b s'enroulant respectivement sur E_1
et E et venant se réunir en un point c de la tige. Le circuit se
referme au pôle positif en passant par le godet à mercure δ où
plonge une pointe interruptrice de courant terminant la tige.

Fig. 6.

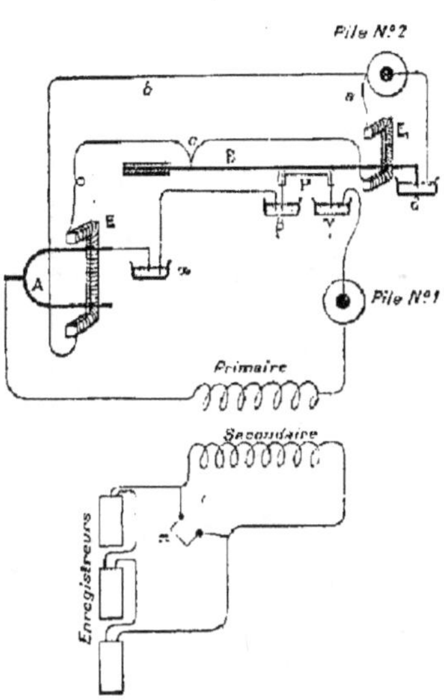

Les godets, remplis de mercure et d'alcool étendu (le jaillisse-
ment des étincelles brûlant et pulvérisant le mercure), sont sup-
portés par des pieds à vis micrométrique permettant d'en régler la
hauteur.

Supposons que les nombres de vibrations du diapason et de la
tige, par seconde, soient respectivement 100 et 20. Les circuits
des deux piles étant fermés, on met la tige B en vibration, ce qui
produit dans le godet δ 20 étincelles par seconde. L'électro-
aimant E, placé dans le circuit de la pile n° 2, excite alors, d'après
le principe de H. von Helmholtz rappelé plus haut, le diapason A
qui vibre à $20 \times 5 = 100$ oscillations. Les vibrations ainsi communiquées à la pointe portée par ce diapason interrompent le circuit
dans le godet z et produisent 100 étincelles par seconde.

Mais le mouvement de la tige B se communique au pont P dont

les pointes peuvent quitter le mercure, et l'interruption de courant peut se produire dans les godets β ou γ. Cependant, si le courant est interrompu en β ou γ, il ne se produit pas d'étincelle en α, encore que le diapason continue à vibrer. On élève alors suffisamment le godet β, pour que le fil qui y plonge ne quitte jamais le

Fig. 7.

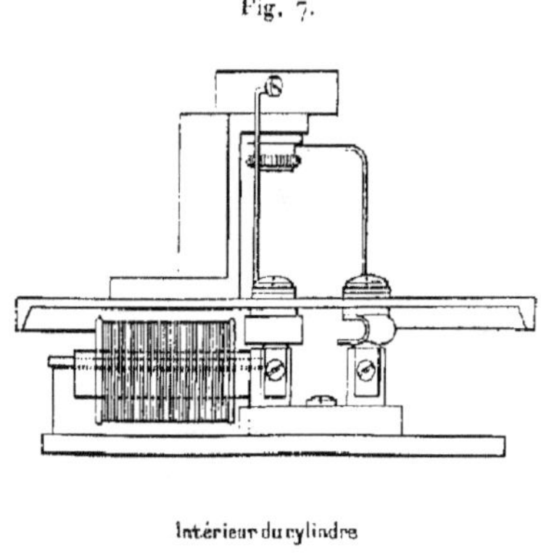

Intérieur du cylindre

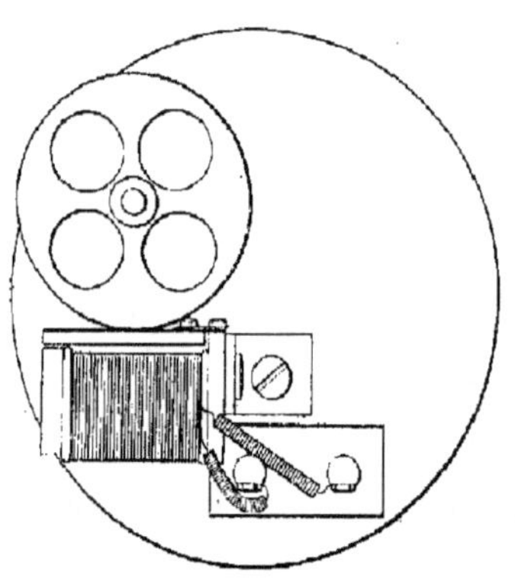

mercure, et l'on règle l'autre godet γ de telle sorte que chaque soulèvement de la tige A provoque une rupture de courant dans γ : par suite, une partie des étincelles dans α sera régulièrement supprimée et l'on aura une série discontinue d'étincelles, les groupes d'étincelles étant séparés par des intervalles plus ou moins grands, selon le réglage. Comme, pendant une oscillation de la tige B, le diapason A exécute cinq vibrations et peut donner lieu à cinq

Fig. 8.

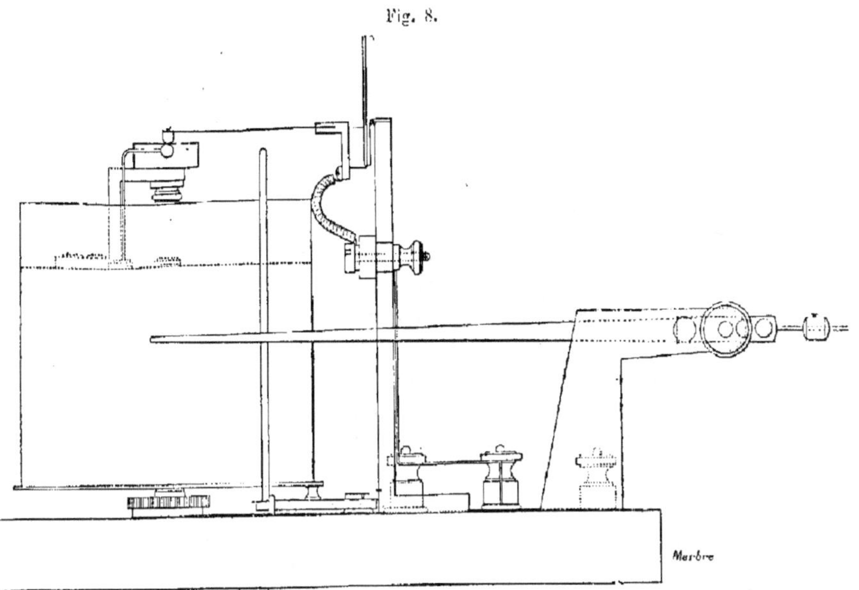

Fig. 8 bis.

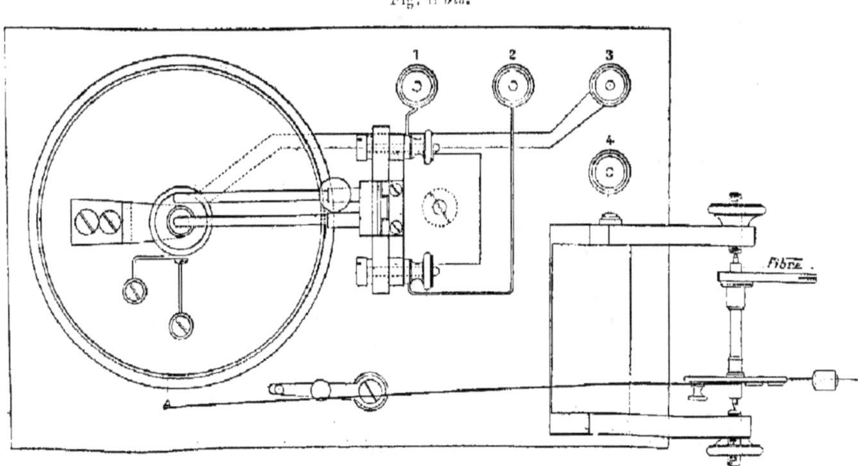

étincelles, on en peut supprimer zéro, une, deux, ... ou la totalité, à volonté. Le mieux est d'en supprimer deux sur cinq.

La lecture des signaux piqués est assez pénible ; aussi faut-il préférer aux étincelles fortes des étincelles faibles, qui laissent des traces petites et fines, et la pile n° 1 ne doit pas comprendre plus de trois éléments Bunsen : on intercale dans le circuit une résistance additionnelle permettant de régler les étincelles à l'intensité voulue.

Manuel opératoire. — L'étude préalable de l'élasticité transversale du tuyau se fait comme dans la première méthode. Ce tuyau a 50^m de longueur, les tronçons ordinaires du commerce ayant été soudés à l'usine.

Pour la colonne à l'état statique, l'intumescence est engendrée par le refoulement d'une quantité déterminée d'eau à l'aide d'une pompe branchée vers une extrémité, sur l'armature du robinet fermé, l'autre extrémité étant bouchée.

Les appareils enregistreurs sont disposés de 7^m en 7^m à partir du bouchon terminal.

L'ensemble étant bien réglé, on lance le courant de mise en marche des cylindres tournants ; au bout de 12 secondes, on déclenche le système vibratoire chronographique en même temps qu'on produit l'intumescence, et l'on ne s'occupe que du premier passage de l'onde à chaque enregistreur ; les cylindres tournants sont arrêtés après 5 secondes d'inscription. Les diagrammes repérés donnent la vitesse moyenne de parcours de chacun des cinq intervalles.

Pour le cas du courant, on opère d'une manière analogue : le bouchon est supprimé et l'on fait circuler dans le tuyau un courant de vitesse connue, dont l'uniformité est assurée par l'emploi d'un régulateur de niveau Parenty.

Tous les dispositifs expérimentaux que nous avons décrits ont pu être installés à l'Institut de Physique de la Faculté des Sciences de Lille, grâce à la bienveillance de M. le doyen Damien et à l'obligeance de notre collègue M. Paillot.

Pour procéder aux observations longues et minutieuses qu'exige une étude définitive, il me faut recourir à un collaborateur à qui il appartiendra de publier l'ensemble de ses déterminations et de les réduire en formules.

CONCLUSION.

Dans ce long travail, à la fois d'érudition, de théorie et de technique expérimentale, un même problème a été envisagé sous ses aspects les plus divers. Il présente de grosses difficultés qui n'ont pas toutes été résolues, mais ont du moins été précisées.

Les Mémoires originaux ont été rigoureusement résumés, mais les méthodes d'exposition du texte ne reproduisent pas toujours celles de ces Mémoires : il était tout indiqué de profiter de l'appui mutuel que se prêtent les diverses parties de l'ensemble pour éclaircir et simplifier l'une par l'autre. La présentation des résultats d'Young, par exemple, a été toute modernisée, et ce qui concerne l'élasticité dans le paragraphe 10 a été obtenu d'une manière qui fait dériver tout intuitivement les résultats de ceux de Korteweg.

Quant à nos propres contributions, en dehors de cette adaptation, elles sont contenues dans les cinq derniers Chapitres (§ 11 à 15) : : elles concernent surtout la propagation et l'amortissement des intumescences analogues à l'onde solitaire dans les tuyaux en caoutchouc.

L'ensemble des résultats acquis me semble infirmer, au moins dans une certaine mesure, le mot désespérant d'Euler que nous avons cité en commençant : *« Cum... haec investigatio vires humanas transcendere sit censenda, hic utique isto labori finem imponere cogimur »*

FIN.

PUBLICATIONS DE L'UNIVERSITÉ DE LILLE

TRAVAUX ET MÉMOIRES DE L'UNIVERSITÉ DE LILLE

(Voir suite page 4)

N° 25. — P. COLLINET. *L'ancienne Faculté de Droit de Douai (1562-1793)* . . . . **6** fr. »
N° 26. — G. PÉNOT. *L'accent tonique dans la langue russe* . . . **10** fr. »
N° 27. — M. DUFOUR. *Etude de métrique et de rythmique sur le Promothée enchaîné d'Eschyle* . . . . **2** fr. **50**
N° 28. — M. DEMARTRES. *Sur certaines familles de courbes orthogonales et isothermes* . . . . **2** fr. **50**
N° 29. — MM. BERTRAND et CORNAILLE. *Etude sur quelques caractéristiques de la structure des Filicinées actuelles ; 1re partie : La masse libéro-ligneuse élémentaire des Filicinées actuelles et ses principaux modes d'agencement dans la fronde* . . . . **12** fr. »
N° 30. — M. G. LEFÈVRE. *Le traité « De usura » de Robert de Courçon* . . . . **6** fr. »

NOUVELLE SÉRIE

Section Droit-Lettres

N° 1. — H. BORNECQUE. *Les déclamations et les déclamateurs* . . **6** fr. »
N° 2. — A. PENJON. *L'énigme sociale* . . . . **2** fr. **50**
N° 3. — J. DEROCQUIGNY. *Charles Lamb, sa vie et ses œuvres* . . **12** fr. »
N° 4. — Walter THOMAS. *Le décasyllabe roman et sa fortune en Europe. Essai de métrique comparée* . . . . **7** fr. »
N° 5. — P. PIQUET. *L'originalité de Gottfried dans son poème de Tristan et Isolde* . . . . **10** fr. »
N° 6. — H. BORNECQUE. *Les clausules métriques latines* . . . . **20** fr. »
N° 7. — E. LANGLOIS. *Les manuscrits du Roman de la Rose. Description et classement* . . . . **12** fr. »

Section Médecine-Sciences

N° 1. — L. PICART. *Sur quelques points de la théorie de la capture des comètes* . . . . **2** fr. »
N° 2. — A. BOULANGER. *Etude sur la Propagation des ondes liquides dans les tuyaux élastiques* . . . . **5** fr. »

Atlas N° 1. — F. TOURNEUX. *Album d'embryologie. Développement des organes génitaux-urinaires chez l'homme* . . . **40** fr. »
Atlas N° 2. — J. FLAMMERMONT. *Album paléographique du Nord de la France* . . . . **20** fr. »
Atlas N° 3. — P. COLLINET. *Sceaux anciens de l'Université et des Facultés de Douai* . . . . **4** fr. »
Atlas N° 4. — LAGUESSE. *L'acinus pulmonaire de l'homme* . . . **25** fr. »

HORS SÉRIE

F. BENOIT. *W. Blake.* In-4° . . . . **12** fr. »

Une remise de 20 % est accordée aux membres de la Société des Amis et anciens étudiants de l'Université de Lille, aux professeurs et aux étudiants de cette Université.

Imp. Centrale, 12, rue Lepelletier. — Lille.